农民技能提升培训系列教材
NONGMIN JINENG TISHENG PEIXUN XILIE JIAOCAI

SHUCAI LÜSE FANGKONG JISHU

# 蔬菜
## 绿色防控技术

**编审委员会**

主　任　叶军平

副主任　刘佩红　费　强

委　员　朱建华　叶正文　夏海云　沈富林　张根玉
　　　　丰东升　黄　辉　孙月星　陆　军　曹　云

**编审人员**

主　编　赵　杰　赵　康

副主编　黄生飞　蒋克斋

编　者　沈轩仪　钮佳丽　许业帆　邵于豪　周诗雨
　　　　汪　洁

主　审　董晓英

中国劳动社会保障出版社

图书在版编目（CIP）数据

蔬菜绿色防控技术／上海市农业广播电视学校组织编写．－－北京：中国劳动社会保障出版社，2023

农民技能提升培训系列教材

ISBN 978－7－5167－5819－9

Ⅰ.①蔬… Ⅱ.①上… Ⅲ.①蔬菜-病虫害防治-技术培训-教材 Ⅳ.①S436.3

中国国家版本馆 CIP 数据核字（2023）第 038752 号

---

**中国劳动社会保障出版社出版发行**

（北京市惠新东街 1 号　邮政编码：100029）

\*

北京市科星印刷有限责任公司印刷装订　新华书店经销

787 毫米×1092 毫米　16 开本　5.5 印张　97 千字
2023 年 4 月第 1 版　2023 年 4 月第 1 次印刷

定价：16.00 元

营销中心电话：400－606－6496
出版社网址：http://www.class.com.cn

版权专有　侵权必究

如有印装差错，请与本社联系调换：(010) 81211666
我社将与版权执法机关配合，大力打击盗印、销售和使用盗版图书活动，敬请广大读者协助举报，经查实将给予举报者奖励。
举报电话：(010) 64954652

# 内 容 简 介

本教材由上海市农业广播电视学校组织编写。教材从强化培养操作技能、掌握实用技术的角度出发,较好地体现了当前最新的实用知识与操作技术,对于提高从业人员基本素质、掌握蔬菜绿色防控技术核心知识与技能有直接的帮助和指导作用。

本教材在编写中根据蔬菜绿色防控技术工作特点,以能力培养为根本出发点,采用模块化的编写方式。全书共分为3章,内容包括绿色食品的基本要求、蔬菜综合防治的主要措施、蔬菜物理防治的主要手段等。

本教材可作为蔬菜绿色防控技术的农民技能提升培训教材,也可供全国中高等职业技术院校相关专业师生参考使用,以及相关职业从业人员培训使用。

# 前　　言

大力开展农业技能培训，提升广大农民技能素质，加快培养一批专业型、技能型、创新型劳动者和高技能人才，培育一支"有文化、懂技术、善经营、会管理"的高素质农民队伍，将为实施乡村振兴战略、推进现代绿色农业发展提供人才支撑，促进农民收入持续增长。

为更好地满足农业产业发展需要，近年来，上海市农业农村委员会在种植、畜牧、水产、农机、农产品安全等领域，积极开展农业新业态、新技能培训项目开发，广泛开展农业从业人员实用技术培训，提高优质农产品生产水平和农业专业化服务能力，围绕家庭农场、农民专业合作社、农业龙头企业等新型农业经营主体，以农业高技能人才培养基地为平台，发挥农民技能培训辐射带动作用，形成了规模化农民技能培训的示范效应。

为配合农民技能提升培训工作的需要，上海市农业广播电视学校组织农业领域的专家、技术人员共同编写了农民技能提升培训系列教材。本系列教材以产业发展为立足点，以生产技能和经营管理能力提升为主线，注重知识和技能的针对性和有效性，实用性强，适应农民技能培训和自身学习需要，是广大农民增收致富的好帮手。

本系列教材在编写过程中得到了上海市、区两级相关农业技术推广部门与农业院所有关专家的关心指导和大力支持，在此谨表示最诚挚的谢意。

由于水平有限，不当之处在所难免，恳请读者指正。

农民技能提升培训系列教材　编委会

# 目　录

## 第1章　绿色食品的基本要求
1.1　绿色食品 …………………………………………… 2
1.2　绿色食品要求 ……………………………………… 7
1.3　绿色食品投入品使用原则 ………………………… 10
1.4　绿色食品的优势 …………………………………… 14
本章测试题 ……………………………………………… 16
本章测试题参考答案 …………………………………… 17

## 第2章　蔬菜综合防治的主要措施
2.1　蔬菜绿色防控概论 ………………………………… 20
2.2　物理机械防治 ……………………………………… 34
2.3　生物防治措施 ……………………………………… 50
2.4　药剂防治措施 ……………………………………… 53
本章测试题 ……………………………………………… 56
本章测试题参考答案 …………………………………… 57

## 第3章　蔬菜物理防治的主要手段
3.1　物理防治原理 ……………………………………… 60
3.2　趋光性防治 ………………………………………… 63
3.3　趋色性防治 ………………………………………… 66
3.4　性诱防治 …………………………………………… 68
3.5　防虫网防治 ………………………………………… 71
本章测试题 ……………………………………………… 78
本章测试题参考答案 …………………………………… 79

# 第 1 章

## 绿色食品的基本要求

1.1　绿色食品　　　　　　　　　　/2
1.2　绿色食品要求　　　　　　　　/7
1.3　绿色食品投入品使用原则　　　/10
1.4　绿色食品的优势　　　　　　　/14

**学习目标**

- ◆ 了解绿色食品的概念
- ◆ 熟悉绿色食品的特征
- ◆ 掌握绿色食品要求,以及肥料、农药的使用原则

 **知识要求**

随着农业快速发展,人们对食物的需求也逐渐由对数量的需求转变为对营养与安全的需求。开发绿色食品对于保护生态环境、提高农产品质量、促进食品工业发展、保障人民身体健康、增加农产品出口创汇具有现实意义和深远影响。从食品营养性角度来看,绿色食品在营养价值上并不比普通食品更高,只是生产过程中的有害污染更少,因此食用更安全。

# 1.1 绿色食品

绿色食品是我国对无污染、安全、优质食品的总称,是指产自优良生态环境,按照绿色食品标准生产,实行"从土地到餐桌"全程质量控制,按照《绿色食品标志管理办法》规定的程序获得绿色食品标志使用权的安全、优质食用农产品及相关产品。

## 1.1.1 绿色食品的概念

绿色食品之所以称为"绿色",并不是因为其颜色是绿的,而是因为其是没有被污染、不对人体健康构成危害的安全食品。

为了准确描述绿色食品的内涵,中华人民共和国农业农村部(以下简称"农业农村部")对绿色食品做了规范性的定义,即绿色食品特指遵循可持续发展、原则上按照特定生产方式生产、经专门机构认定许可、使用绿色食品标志的无污染、安全、优质的营养类食品。凡未经专业机构(中国绿色食品发展中心)认定合格的食品,不能随意称为"绿色食品",也不能使用绿色食品标志。

绿色食品首先强调的是安全性,这是绿色食品的基本特性。绿色食品生产中不得使用高毒性、高残留农药。与生命资源、环境保护相关的事物,国际上通常冠以"绿色",为突出这类事物中的食品出自良好的生态环境并能给人类带来旺盛的生命活力,因此将其定

名为"绿色食品"。

### 1.1.2 绿色食品的标准规定

绿色食品是在特定的技术标准下生长、生产加工出来的产品，其标准涵盖了产地环境质量标准、生产技术标准、产品标准、包装标准、储藏运输标准及其他相关标准，构成一个"从土地到餐桌"严格的全程质量控制标准体系。

绿色食品产品标准是衡量绿色食品最终产品质量的指标。绿色食品是按照绿色食品相关标准开展生产的，按其他生产操作规程生产出的食品就不是绿色食品。目前，中国绿色食品发展中心将国产绿色食品分为两类，即 AA 级绿色食品和 A 级绿色食品，主要是从农药使用上予以区别。

**1. 产地环境质量标准**

AA 级绿色食品大气环境质量评价采用《环境空气质量标准》（GB 3095—2012），农田灌溉用水评价采用《农田灌溉水质标准》（GB 5084—2021），养殖用水评价采用《渔业水质标准》（GB 11607—1989），畜禽饮用水评价采用《地表水环境质量标准》（GB 3838—2002），加工用水水质必须严格按照《生活饮用水卫生标准》（GB 5749—2022）标准。产地土壤环境质量标准采用《土壤环境质量 农用地土壤污染风险管控标准（试行）》（GB 15618—2018），该标准将土壤按耕地方式的不同分为旱田和水田两大类，每类又根据土壤 pH 值的高低分为三个情况，即 pH 值小于 6.5、pH 值为 6.5~7.5、pH 值大于 7.5。AA 级绿色食品产地的各项环境监测数据均不得超过有关标准。

A 级绿色食品的环境质量评价标准与 AA 级绿色食品相同，但其评价方法则采用综合污染指数法，并规定其产品产地的大气、土壤和水等方面的各项环境指标的综合污染指数均不得超过生产操作规程及标准要求。

**2. 生产技术标准**

绿色食品生产过程的控制是绿色食品质量控制的关键环节。绿色食品生产技术标准是绿色食品标准体系的核心，绿色食品生产技术标准包括绿色食品生产资料使用准则和绿色食品生产操作规程。

绿色食品生产资料使用准则是对绿色食品生产过程中物质投入的一个原则性规定，它包括生产绿色食品的农药、肥料、食品添加剂、饲料添加剂、兽药和水产养殖药的使用准则，对允许、限制和禁止使用的生产资料及其使用方法、使用剂量、使用次数和休药期作出了明确的规定。

绿色食品生产操作规程是按作物种类、畜牧种类和不同农业区域的生产特性分别制定的，包括农产品种植、畜禽饲养、水产养殖和食品加工等技术操作规程。

AA级绿色食品严禁在生产过程中使用任何含有有害化学合成肥料、化学农药及化学添加剂和染色剂，规定各种化学合成农药及合成食品添加剂均不得检出，其产品标准应达到或优于国家标准。其评价标准采用《绿色食品　食品添加剂使用准则》（NY/T 392—2013）、《绿色食品　农药使用准则》（NY/T 393—2020）、《绿色食品　肥料使用准则》（NY/T 394—2021），以及有关地区的《绿色食品生产操作规程》的相应条款。

A级绿色食品在生长过程中允许限量使用一些限定的化学合成物质，生产过程中严格按照绿色食品生产资料使用准则和生产操作规程要求，限量使用限定的化学合成生产资料，并积极采用生物学技术和物理方法，保证产品质量符合绿色食品标准要求。其评价标准采用《绿色食品　食品添加剂使用准则》（NY/T 392—2013）、《绿色食品　农药使用准则》（NY/T 393—2020）、《绿色食品　肥料使用准则》（NY/T 394—2021），以及有关地区的《绿色食品生产操作规程》的相应条款。

**3. 产品标准**

绿色食品产品标准包括卫生标准和质量标准两部分，均参照有关国际、国家、部门、行业标准制定，通常高于或等同于现行标准，主要表现在对农药残留和重金属的监测项目种类多、指标严上。

绿色食品产品质量标准具体包括以下几个方面的规定。一是原料方面，要求必须来自绿色食品产地，对于一些无法进行原料产地环境检测的进口原料，必须经过中国绿色食品发展中心指定的食品检测中心，按绿色食品标准进行检测，符合标准的才能用于生产绿色食品。二是感官方面，要求有定性、半定量和定量指标，要求严于同类非绿色食品。三是理化方面，要求蛋白质、脂肪、糖类、维生素等指标不低于国际要求。农药残留和重金属等污染指标与国外先进标准或国际标准接轨。四是微生物学方面，要求产品的微生物学特征必须有保证，如必须具有活性酵母、乳酸菌等，且菌落总数、大肠菌群、致病菌、粪便大肠杆菌、霉菌等微生物污染指标严于国家一般食品标准。

绿色食品卫生标准是参照有关国家、部门、行业的食品卫生标准制定的，通常高于一般的食品现行卫生标准，有些增加了新的检测项目。绿色食品卫生标准一般分为三部分：农药残留、有害重金属和细菌。

**4. 包装标准**

AA级绿色食品的包装应符合国家标准，如《食品安全国家标准　预包装食品标签通则》（GB 7718—2011）、农业农村部颁布的《绿色食品标志管理办法》，以及其他有关规定。AA级绿色食品的标志底色为白色，标志的图案及标志上的有关字体均为绿色，防伪标签底色为蓝色，标志编号以双数结尾。

A级绿色食品包装标志采用的有关标准与上述AA级绿色食品的标准一致，其标志的底色为绿色,标志图案及标志上的有关字体为白色,防伪标签底色为绿色,标志编号以单数结尾。

**5. 储藏运输标准**

《绿色食品　贮藏运输准则》(NY/T 1056—2021)规定了绿色食品储藏运输的要求,对绿色食品储藏运输的条件、方法、时间作出了规定,以保证绿色食品在储藏运输过程中不遭受污染、不改变品质,并有利于环保和节能。

### 1.1.3　绿色食品的标志

为了与一般的普通食品区别开,绿色食品以统一的标志来标识。绿色食品标志图形象征自然生态,标志图形由三部分构成:上方的太阳、下方的叶片和中心的蓓蕾。标志图形为正圆形,意为保护、安全。整个图形描绘出明媚阳光照耀下的和谐生机,告诉人们绿色食品是出自纯净、良好生态环境的安全、无污染食品,能给人们带来蓬勃的生命力,如图1-1所示。

图1-1　绿色食品标志

绿色食品应获得绿色食品标志使用权。使用绿色食品标志的食品必须通过中国绿色食品发展中心认证,获得认证许可的企业可依法使用绿色食品标志。

### 1.1.4　绿色食品特征

无污染、安全、优质、营养是绿色食品的特征。无污染是指在绿色食品生产、加工过程中,通过严密监测、控制,防止农药残留、放射性物质、金属、有害细菌等对食品生产各个环节的污染,以确保绿色食品产品的洁净。绿色食品的优质特性不仅包括产品的外表包装水平高,而且包括内在质量水准高。

绿色食品内在质量特征为"无污染的、安全的、优质的营养类食品"。绿色食品应具有优良的感官、品质质量和较高的营养价值，必须经过环境检测、产地布局、产中标准、产后认证等一系列程序，符合条件后才能得到绿色食品标志使用许可。

**1. 严格要求生态环境**

绿色食品生产前，必须对水、土、空气等原料产地及其周围的生态环境进行严格监测，依据绿色食品的基础环境条件来判定其是否符合生产标准。绿色食品产地必须符合绿色食品的生态环境标准，这样既可以保证绿色食品生产原料和初级产品的质量，又有利于强化企业和农民的资源和环境保护意识，最终将农业和食品工业的发展建立在资源和环境可持续利用的基础上。

**2. 严格实行生产质量控制**

在生产过程中严格生产标准的制定、生产记录的管理、生产档案的整理，同时严格具体措施的落实、操作程序的规范，按照绿色食品生产资料使用准则、绿色食品生产操作规程，以及产后环节的产品质量、卫生指标、包装、保鲜、运输、储藏、销售控制，确保绿色食品的整体产品质量，并提高整个生产过程的技术含量。实现全程质量控制，禁止和限制化学合成物质的使用，防止或减少有毒、有害物质进入农业生态系统，提高绿色食品的产品质量，对改善自然资源和生态环境起到积极的推动作用。

**3. 严格要求标志管理**

绿色食品标志是一个质量证明商标，属于知识产权范畴，受《中华人民共和国商标法》保护。绿色食品标志作为一种特定的商标证明，必须经中国绿色食品发展中心审核批准后才能获得。

**4. 无公害农产品、绿色食品、有机食品之间的区别**

无公害农产品是指产地环境、生产过程和产品质量符合国家有关标准和规范的要求，经认证合格获得认证证书并允许使用无公害农产品标志的未经加工或者初加工的食用农产品。无公害农产品生产过程中允许使用农药和化肥，但不能使用国家禁止使用的高毒、高残留农药。无公害是我国相关部门强制执行的准入门槛，目前市场上出售的蔬菜基本上都达到了无公害标准。

绿色食品是指产自优良生态环境、按照绿色食品标准生产、实行全程质量控制并获得绿色食品标志使用权的安全、优质食用农产品及相关产品。绿色食品认证依据的是农业农村部绿色食品行业标准。绿色食品在生产过程中允许使用农药和化肥，但对用量和残留量的规定通常比无公害标准要严格。

有机食品是纯天然、无污染、安全营养的食品，也可称为"生态食品"，是根据有机农业原则和有机农产品生产方式及标准生产、加工出来的，并通过有机食品认证机构认证的农产品。有机食品在生产过程中禁止使用有机合成的肥料、农药、生长调节剂和畜禽饲料添加剂等物质，不采用基因工程获得的生物及其产物，采取一系列可持续发展的农业技术，协调种植业和畜牧业的关系，促进生态平衡、物种的多样性和资源的可持续利用。有机农产品在土地生产转型方面有严格规定，考虑到某些物质在环境中会残留相当长的一段时间，土地从生产其他农产品到生产有机农产品需要2~3年的转换期。

无公害农产品、绿色食品、有机食品都是经质量认证的安全农产品。三者在目标定位、质量水平、运作方式、认证方法和认证机构等方面存在不同，并不能简单定义哪一种农产品的营养价值更高。按照绿色食品、有机食品标准生产的蔬菜不一定比按照无公害农产品标准生产的蔬菜商品性好、营养成分高。

由此可见，绿色食品不仅表述了绿色食品这种产品的基本特性，也蕴含了绿色食品特定的生产方式、独特的管理模式和全新的消费观念。

## 1.2 绿色食品要求

### 1.2.1 绿色食品生产技术标准

绿色食品生产的控制是绿色食品质量控制的关键环节。绿色食品生产技术标准是绿色食品标准体系的核心。绿色食品生产技术标准包括绿色食品生产资料使用准则和绿色食品生产操作规程两个部分。绿色食品的生产过程，必须符合绿色食品生产操作规程。

绿色食品生产中使用的肥料要有利于保护生态环境，保持或提高土壤肥力及土壤生物活性。绿色食品生产资料使用准则是对生产绿色食品过程中物质投入的一个原则性规定，它包括生产绿色食品的农药、肥料、食品添加剂、饲料添加剂、兽药和水产养殖药的使用准则，对允许、限制和禁止使用的生产资料及其使用方法、使用剂量、使用次数和休药期等作出了明确规定。

在AA级绿色食品生产中禁止使用有机合成的化学农药，但允许使用生物源农药和矿物源农药中的硫制剂、铜制剂和矿物油乳剂；在A级绿色食品生产中对化学合成农药只允许限量使用限定的品种。绿色食品生产操作规程包括农产品种植、畜禽饲养、水产养殖等技术操作规程，按作物种类、畜禽种类和不同农业区域的生长特性分别制定，用于指导绿色食品生产活动，规范绿色食品生产技术。

绿色食品生产中应使用安全、优质的肥料产品生产安全、优质的绿色食品。绿色食在生产方式上对农业以外的能源采取适当的限制，以更多地发挥生态功能的作用。绿色食品标准体系的建立和完善是绿色食品事业持续发展的重要技术基础。绿色食品生产操作规程是全程质量控制的关键。

绿色食品生产过程控制是绿色食品质量控制的关键环节，制定种植业绿色食品生产操作规程着眼点在于其与传统种植技术的差别上。

**1. 实施主体不同**

绿色食品生产操作规程与传统种植技术或质量安全生产技术规程最大的区别在于实施主体不同。

传统种植技术或质量安全生产技术规程面向一般农户制定，绿色食品生产操作规程面向家庭农场、农民专业合作社、农业生产企业等新型农业经营主体制定。

一般农户经营的特点是生产规模小、机械化程度低、农事操作随意性大、接受新技术能力弱，传统种植技术或质量安全生产技术规程着眼于农户经营的这些特点制定。

新型农业经营主体的特点是规模化、产业化、机械化、标准化，在农业装备、组织程度、生产规模、新技术推广应用等方面均优于分散农户，绿色食品生产操作规程的制定要着眼于这些特点，在技术的先进性、前瞻性、适应性、可操作性方面要体现这些特点，在技术选择上倾向于全程机械化、水肥一体化、操作简约化等。

**2. 满足多元目标**

传统种植技术规程目标单一，多为优质安全，但对优质的要求不高，关键控制点不多，技术协调性难度不大。坚持"安全、优质、环保、营养、健康"的本质特性，进一步打造精品品牌，是绿色食品生产的基本原则，绿色食品生产操作规程要同时满足"安全、优质、环保、营养、健康"的多元目标。

### 1.2.2 病虫害防治的基本方针与措施

病虫害防治的宗旨是"预防为主、综合防治"，防治的基础性工作是农业防治和物理防治，防治的核心是生物防治与科学合理的化学防治相结合。

**1. 防治核心措施**

（1）农业防治。选种是首要任务，要选用抗病、高产品种；及时清除病虫叶、老叶，采用嫁接等技术增强农作物植株的抗病能力；高垄栽培，清洁沟系，降低地下水位以减轻病害为害；适当改变种植模式，进行高温闷棚，适时轮作更换农作物品种。

（2）物理防治。物理防治的手段有防虫网阻虫、粘虫板诱虫、杀虫灯诱虫、生物诱捕剂诱虫、性诱剂诱虫等。

（3）生物防治。生物防治可以利用害虫天敌进行无害化防治，或者采用微生物防治。

例如，苏云金杆菌、白僵菌、绿僵菌可防治小菜蛾、菜青虫（即菜粉蝶），还可以推广使用生物农药及其复配制剂进行防治。

（4）化学防治。在采用以上防治方式后，病虫害发生依然达到防治指标时，要及时进行化学防治，喷施适量的杀虫、防病农药。在应用化学防治措施时，必须注意合理使用农药，即使用高效、低毒、低残留、环境友好药剂，严格控制用药浓度及用药次数，合理轮换使用农药，实行统防统治，严格掌握安全间隔期等。

**2. 病虫害防治的相关配套措施**

（1）提高种植者管理水平。为确保有效防治病害虫，应提高种植者管理水平，这是预防和控制病虫害的基础。提高农业生产者的管理水平不仅能确保农产品的生产和质量，而且能在防治病虫害方面取得良好成果。

（2）减少化学农药的施用。将农业、物理、生物和化学防治与病虫害控制结合起来，物理防治技术包括应用防虫网、捕捉和杀死植物病虫害、药物浸渍种子、诱杀植物病虫害、土壤消毒和覆盖地膜等。

（3）采用生物防治技术。生物防治主要利用自然界中的食物链来创造一种环境，利用天敌来预防和控制害虫，保护生态环境和生态系统。

（4）注重应用滴灌技术。在设施栽培温室种植蔬菜的过程中，为了提高蔬菜的产量和质量，应提高滴灌技术的应用。滴灌技术不仅可以节省水资源，还可以获得良好的灌溉效果。从滴灌技术的应用现状来看，该技术主要包括固定式滴灌技术、地下滴灌技术和半固定式滴灌技术。实际应用过程中通常采用固定式滴灌技术，主要是将运输管道埋在土壤中，并将滴头暴露在地面上以进行适当的灌溉工作，如图 1-2 所示。为确保良好的灌溉效果并控制湿度以减少病害，应将浇水时间和灌溉次数控制在合理范围内。

### 1.2.3　绿色食品产品标准

绿色食品产品标准是衡量最终产品质量的尺度，是树立绿色食品形象的主要标志，也反映了绿色食品生产、管理和质量控制的先进水平，突出了绿色食品产品无污染、安全的卫生品质，绿色食品产品标准的卫生品质要求高于国家现行相应标准。

**1. 原料要求**

绿色食品的主要原料必须来自绿色食品产地。

**2. 感官要求**

感官要求包括外形、色泽、气味、口感、质地等。绿色食品产品标准中感官要求有定性、半定量、定量指标，其要求严于同类非绿色食品。

图1-2 地下滴灌技术

**3. 理化要求**

绿色食品的理化要求，包括应有的成分指标，如蛋白质、脂肪、糖类、维生素等，这些指标不得低于国家标准的要求，农药残留和重金属含量等污染指标与国外先进标准或国际标准接轨。

# 1.3 绿色食品投入品使用原则

## 1.3.1 绿色食品肥料使用原则

肥料是农业生产过程中的重要投入品，有着不可替代的作用，能够提高农田复种指数、稳定农产品产量，其科学合理施用更是与农业生产安全和农产品质量安全密切相关。

绿色食品的生产严格遵循绿色食品系列标准或准则，严格控制部分农业投入品。绿色食品肥料的使用应对作物的营养、味道、品质和植物抗性不产生不良后果。

**1. 生产 AA 级绿色食品的肥料使用原则**

AA 级绿色食品生产应选用《绿色食品 肥料使用准则》（NY/T 394—2021）中"AA 级绿色食品生产用肥料使用规定"所列肥料，不得使用化学合成肥料。

禁止使用城市垃圾、污泥、医院的粪便垃圾和含有害物质（如毒气、病原微生物、重金属等）的产业垃圾。因地制宜采用翻压还田、覆盖还田等秸秆还田形式培肥地力。利用覆盖、翻压、堆沤等方式合理利用绿肥。

严禁使用添加稀土元素的肥料、未经发酵腐熟的人畜粪尿、以转基因品种（产品）及其副产品为原料生产的肥料、成分不明和有安全隐患成分的肥料。饼肥优先用于水果、蔬菜等，禁止施用未腐熟的饼肥。叶面肥料质量应符合《含有机质叶面肥料》（GB/T 17419—2018）或《微量元素叶面肥料》（GB/T 17420—2020）。按使用说明，在作物生长期间，喷施2次或3次。

微生物肥料可用于拌种，也可作基肥和追肥使用。使用时应严格按照使用说明书的要求操作。微生物肥料应符合《农用微生物菌剂》（GB 20287—2006）或《生物有机肥》（NY 884—2012）或《复合微生物肥料》（NY/T 798—2015）的要求。

**2. 生产A级绿色食品的肥料使用原则**

A级绿色食品生产应选用《绿色食品　肥料使用准则》（NY/T 394—2021）"A级绿色食品生产用肥料使用规定"所列肥料，坚持有机与无机养分相结合，提高土壤肥力，改善土壤性质。

绿色食品生产中所使用的肥料应满足以下要求：首先要坚持可持续发展原则，优先考虑生态环境安全，保持或提高土壤肥力及生物活性；其次要保证安全优质，从有利于营养、品质和植物抗性提升等角度选择使用安全、优质肥料，满足作物生长所需；最后要按照"有机为主、控减用量"的要求，以农家肥、有机肥或微生物肥为主，以化学肥料为辅，在保障作物营养有效供给的前提下减少肥料用量，其中无机氮素用量不高于当地同种作物习惯施肥的1/2。

**3. 其他规定**

生产绿色食品的农家肥料无论采用何种原料（包括人畜禽粪尿、秸秆、杂草、泥炭等）制作堆肥必须高温发酵，以杀死各种寄生虫卵和病原菌、杂草种子，使之达到无害化卫生标准。

农家肥料原则上就地生产就地使用，不能混进电池、塑料等有害、有毒物质。外来农家肥应确认符合要求后才能使用，商品肥料及新型肥料必须经国家有关部门的登记及获得生产许可，质量指标应达到国家有关标准的要求。

因施肥造成土壤污染、水源污染而影响作物生长、农产品达不到卫生标准时，要停止使用该肥料，并向专门管理机构报告，用该肥料生产的食品也不能继续使用绿色食品标志。

**4. 绿色食品肥料使用要点**

（1）有机肥为主。有机肥料富含氮、磷、钾，以及多种糖类、氨基酸等，具有改良土壤、培肥地力、增加作物产量和提高农产品品质的作用。

（2）精准施肥。结合作物在不同生长阶段对肥料的需求，精准定量使用对应所需或者缺乏的元素肥料。对于土壤某种元素含量已经较高的基地，要避免使用含有该类元素的有机肥。

（3）平衡施肥。化肥与有机肥、复合微生物肥配合施用，有机肥、无机肥配合施用能够有效调节土壤肥力。合理选择无机化学肥料，协调全面使用有机肥带来的不足，发挥无机肥对有机肥的补充作用，以达到平衡施肥的目的。

（4）控减用量。绿色食品不仅对农产品自身品质提出了标准，也对生态环境提出了具体要求。在稳产、增产的基础上，可以通过以下途径减少肥料使用量：一是选用肥料利用率高的品种，并优化栽培技术；二是利用测土配方施肥项目，推广配方肥；三是通过休耕轮作种植模式，实行用地养地结合，推广绿色环保高效高产肥料等。

### 1.3.2 绿色食品农药使用原则

农药是农业生产过程中的重要投入品，有着不可替代的作用，农药能够提高农田复种指数，稳定农产品产量，其科学合理施用更是与农业生产安全和农产品质量安全密切相关。绿色食品的生产要严格遵循绿色食品系列标准或准则，严格控制部分农业投入品。

农药主要用于预防、消灭和控制为害农作物的病虫草害，以及有目的地调节个群体生长，在农产品生产过程中有着不可替代的作用。合理利用生态平衡、科学使用农药才能保证农作物的产量和质量。同时，加强对田间农业废弃物、农药包装物、尼龙等的回收，以保持田园清洁。可在合作社、农药商店、蔬菜产区等设置农药包装废弃物回收桶进行回收（见图1-3），统一集中清理，切忌乱扔于田间地头，以免造成污染。

图1-3 农药包装废弃物回收

**1. 生产 AA 级绿色食品的农药使用原则**

AA 级绿色食品是遵照绿色食品生产标准生产,生产过程中遵循自然规律和生态学原理,协调种植业和养殖业的平衡,不使用化学合成的肥料、农药、兽药、渔药、添加剂等物质,产品质量符合绿色食品产品标准,经专门机构许可使用绿色食品标志的产品。其所选用的农药应符合相关法律法规,并获得国家在相应作物上的使用登记或省级农业主管部门的临时用药措施,不属于农药使用登记范围的产品(如薄荷油、食醋、蜂蜡、香根草、乙醇、海盐等)除外。

AA 级绿色食品生产应按照《绿色食品 农药使用准则》(NY/T 393—2020)中 AA 级绿色食品附录规定选用农药,提倡兼治和不同作用机制农药交替使用。农药剂型宜选用悬浮剂、微囊悬浮剂、水剂、水乳剂、颗粒剂、水分散粒剂和可溶性粒剂等环境友好型剂型。根据有害生物的发生特点、为害程度和农药特性,在主要防治对象的防治适期选择适当的施药方式。

应按照农药产品标签或按《农药合理使用准则》(GB/T 8321)系列标准和《农药贮运、销售和使用的防毒规范》(GB 12475—2006)的规定贮运、销售或使用农药,控制施药剂量(或浓度)、施药次数和安全间隔期。应按照绿色食品规定使用农药,其残留符合《食品安全国家标准 食品中农药最大残留限量》(GB 2763—2021)的要求,其他农药的残留量不得超过 0.01 mg/kg,并符合《食品安全国家标准 食品中农药最大残留限量》的其他要求。

**2. 生产 A 级绿色食品的农药使用原则**

A 级绿色食品是产地环境质量遵照绿色食品生产标准,生产过程中遵循自然规律和生态学原理,协调种植业和养殖业的平衡,限量使用限定的化学合成生产资料,产品质量符合绿色食品产品标准,经专门机构许可使用绿色食品标志的产品。其所选用的农药应符合相关法律法规,并获得国家在相应作物上的使用登记或省级农业主管部门的临时用药措施,不属于农药使用登记范围的产品(如薄荷油、食醋、蜂蜡、香根草、乙醇、海盐等)除外。

A 级绿色食品生产应按照《绿色食品 农药使用准则》(NY/T 393—2020)中 A 级绿色食品附录规定选用农药,提倡兼治和不同作用机制农药交替使用。农药剂型宜选用悬浮剂、微囊悬浮剂、水剂、水乳剂、颗粒剂、水分散粒剂和可溶性粒剂等环境友好型剂型。根据有害生物的发生特点、为害程度和农药特性,在主要防治对象的防治适期,选择适当的施药方式。

应按照农药产品标签或按《农药合理使用准则》(GB/T 8321)系列标准和《农药贮运、销售和使用的防毒规范》(GB 12475—2006)的规定使用农药,控制施药剂量(或浓度)、施药次数和安全间隔期。应按照绿色食品规定使用农药,其残留符合《食品安全国家标准 食品中农药最大残留限量》(GB 2763—2021)的要求,其他农药的残留量不得超过 0.01 mg/kg,并符合《食品安全国家标准 食品中农药最大残留限量》的其他要求。

## 1.4 绿色食品的优势

绿色食品具有安全的生长环境、科学的农田管理、严格的加工质量标准等优势。农业绿色发展以尊重自然为前提,以统筹经济、社会、生态效益为目标,以利用各种现代化技术为依托,积极从事可持续发展,科学合理地开发种养过程。

农业绿色发展的基本特征是注重资源节约,内在属性是注重环境友好,根本要求是生态保育,发展目标是注重产品质量,农业生态环境是农业绿色发展最根本的要求。绿色农业的终端产品应当是绿色食品等优质产品,绿色食品产业的规模开发是绿色农业的重要组成部分。

绿色农业的定义是广泛的,内涵是丰富的,而绿色食品是在规范、高质量的标准体系下生产的,这是绿色农业的具体体现。

绿色食品强调出自优良生态环境,注重构建综合平衡的自然生态系统,建立严格的环境监测和保护制度。实施产地清洁化、投入品减量化、生产标准化、废弃物资源化的绿色生产方式,有效控制了"大肥、大药、大水"对生态环境和产品质量的影响。坚持走生态产业化、产业生态化的发展道路,实现保护环境与发展经济、维护生态安全与保障食品安全的良性互动,推动"绿水青山"转化为"金山银山"是中国生态文明建设的重要成果,具有前瞻性和划时代意义,是中国农业绿色发展的先驱者和实践者。

农业资源环境是实现中国农业现代化的基础和保障,在农业生产、经营等过程中,农业化学品投入过度,秸秆、地膜等直接焚烧,畜禽养殖产生的粪便等对土壤、水体、大气等环境造成污染,制约了中国农业生态文明建设和农业绿色发展。绿色食品生产要求选择生态环境良好、无污染的地区,远离工矿区和公路、铁路干线,避开污染源;在绿色食品和常规食品生产区域之间设置有效的缓冲带或物理屏障,以防绿色食品生产基地受到污染;建立生物栖息地,保护基因多样性、物种多样性和生态系统多样性,以维持生态平衡;要保证基地具有可持续生产能力,不对环境或周边其他生物产生污染,在减肥、减药、减排等方面取得显著成效,对农业绿色发展具有现实指导意义。

### 1.4.1 减少化肥投入,提高肥料利用率

施用化肥是中国农作物增产的重要手段之一,中国单位面积化肥施用量及化肥总施用量均处于世界较高水平。化肥超量使用不仅造成资源浪费、肥料利用率降低,而且对环境、作物产量和品质等都有一定的影响。

绿色食品生产中肥料使用遵循可持续发展、化肥减控和有机肥为主原则,在保障作物营养有效供给的基础上减少化肥用量,兼顾元素之间的平衡,无机氮素用量不得高于当季作物需求量的一半,减少化肥的投入。绿色食品遵循有机肥为主和有机氮、无机氮1∶1的原则,通过有机肥、无机肥配合使用,可减少氮肥的流失,增加肥料利用率。

### 1.4.2 减少农业污染,提高废弃物利用率

绿色食品生产是以生态农业和循环农业为基础的环境友好型的生产方式,实行统一规划生产布局、统一技术培训、统一标准化生产操作规程和统一提供农业生产资料的生产方式和组织形式,作物秸秆、畜禽粪便等农业废弃物几乎实现全部综合利用,是保护农业生态环境,实现农业绿色发展的重要举措。

### 1.4.3 减少农药使用量,提高农药利用率

绿色食品的农药使用倡导限量、减量使用。绿色食品在农业有害生物防治上,强调以保持和优化农业生态系统为基础,优先采用农业措施,尽量利用物理和生物措施,必要时合理使用低风险农药。《绿色食品 农药使用准则》(NY/T 393—2020)的制定充分考虑了国内外农药毒理、残留和膳食暴露等方面的研究成果和评估结论,并结合农药使用管理和作物病虫草害防治对农药的需求情况,更多兼顾生产需要。

在《绿色食品 农药使用准则》中,AA级和A级绿色食品生产均允许使用的农药清单中共有52种(类)农药,另有141种农药列入A级绿色食品允许使用的农药清单。从农药登记数量估计,发展绿色食品生产可有效控制和减少农药使用,这是贯彻落实农业农村部农药减量使用、实现农业绿色可持续发展的重要手段。

### 1.4.4 减少温室气体排放,缓解气候变暖

全球气候变化已引起国际社会高度重视,对温室效应、温室气体减排和节能减排的研究已成为关注的焦点。大气中$CO_2$、$CH_4$和$N_2O$是最重要的温室气体,对温室效应的贡献率达80%以上。

绿色食品生产肥料施用要求不仅可以增加土壤对碳的截留,减少$CO_2$的排放,还可以

提高化肥的利用率，减少 $N_2O$ 等温室气体的排放，缓解气候变暖。

## 本章测试题

一、判断题（将判断结果填入括号中，正确的填"√"，错误的填"×"。）

1. 绿色食品产品标准是衡量绿色食品最终产品质量的指标尺度。（    ）
2. 绿色食品生产资料使用准则是对生产绿色食品过程中物质投入的一个理想化规定。（    ）
3. 绿色食品生产中所使用的肥料要有利于保护动物，保持或提高土壤肥力及土壤生物活性。（    ）
4. 绿色食品生产技术标准包括绿色食品生产资料使用准则和绿色食品生产操作规程两个部分。（    ）
5. 绿色食品应具有优良的感官、品质质量和较高的营养价值。（    ）
6. 绿色食品肥料的使用应对作物的营养、味道、品质和植物抗性不产生不良后果。（    ）
7. 绿色食品实行"从土地到餐桌"全程质量控制。（    ）
8. 绿色食品分为 A 级和 AA 级 2 种，主要从农药使用上予以区别。（    ）
9. 绿色食品生产方式上对农业以外的能源采取无限制使用，以更多地发挥生态功能的作用。（    ）
10. 绿色食品的生产过程必须符合绿色食品生产操作规程。（    ）

二、单项选择题（选择一个正确的答案，将相应的字母填入题内的括号中。）

1. 绿色食品生产中不得使用（    ）农药。
   A. 高毒性、低残留  B. 低毒性、高残留
   C. 高毒性、高残留  D. 低毒性、低残留
2. 绿色食品标志图形由（    ）三部分构成。
   A. 上方的太阳、下方的叶片和中心的蓓蕾
   B. 上方的叶片、下方的太阳和中心的蓓蕾
   C. 上方的蓓蕾、下方的叶片和中心的太阳
   D. 上方的太阳、下方的蓓蕾和中心的叶片
3. 绿色食品首先强调的是（    ），这是绿色食品的基本特性。

A. 基础性 　　　B. 安全性 　　　C. 低毒性 　　　D. 营养性

4. 绿色食品产品标准的卫生品质要求（　　）国家现行相应标准。

　　A. 低于 　　　　B. 等于 　　　　C. 高于 　　　　D. 不确定

5. 按（　　）生产操作规程生产出的蔬菜是绿色食品。

　　A. 有机食品 　　B. 绿色食品 　　C. 无公害食品 　　D. 以上皆可

6. 绿色食品生产技术标准是绿色食品标准体系的（　　）。

　　A. 核心 　　　　B. 基础 　　　　C. 创新 　　　　D. 提升

7. 绿色食品生产中应使用（　　）肥料产品，生产安全、优质的绿色食品。

　　A. 安全、优质的 　　　　　　　B. 营养、安全的

　　C. 低毒、营养的 　　　　　　　D. 性价比高、营养的

8. 按照绿色食品标准生产的蔬菜，不一定比无公害农产品标准生产的蔬菜商品性好、营养成分（　　）。

　　A. 低 　　　　　B. 一样 　　　　C. 高 　　　　　D. 不确定

## 本章测试题参考答案

一、判断题

1. √　　2. ×　　3. ×　　4. √　　5. √　　6. √　　7. √　　8. √　　9. ×　　10. √

二、单项选择题

1. C　　2. A　　3. B　　4. C　　5. B　　6. A　　7. A　　8. C

# 第 2 章

蔬菜综合防治的主要措施

2.1 蔬菜绿色防控概论 /20
2.2 物理机械防治 /34
2.3 生物防治措施 /50
2.4 药剂防治措施 /53

**学习目标**

- 了解蔬菜绿色防控的意义与目的
- 熟悉蔬菜绿色防控的手段
- 掌握物理机械防治的方法与特点
- 掌握生物防治措施的技巧和注意事项
- 掌握农药的配置技术和正确使用方法

**知识要求**

我国蔬菜生产正处于稳定发展阶段,对于蔬菜质量安全的要求不断提高。为保证蔬菜质量安全水平,要从生产源头和产品监管两个方面保证蔬菜的食品安全。绿色综合防治是持续控制蔬菜病虫害、保障蔬菜生产安全的重要手段,是促进蔬菜标准化生产、提升蔬菜质量安全水平的必然要求,是降低农药使用风险、保护生态环境的有效途径。推进蔬菜病虫害绿色防控是贯彻"预防为主、综合防治"的植保方针,实施"科学植保、公共植保、绿色植保"战略的重要举措。

# 2.1 蔬菜绿色防控概论

## 2.1.1 蔬菜绿色防控意义

化学农药在控制蔬菜病虫害方面发挥了巨大作用,但也带来了一系列负面问题,如病虫抗药性、中毒事件、农药残留、天敌种群数量减少、农田自然生态破坏、生物多样性降低、土壤和地下水污染等环境和社会问题。近年来,随着经济发展和人民生活水平的提高,人们的消费观念从"吃得饱"向"吃得安全、吃得放心"转变,农产品农药残留超标问题引起社会的广泛关注。

病虫害绿色防控就是坚持以人为本,在保障农业生产安全的同时,更加注重农产品质量安全,更加注重保护生物多样性,更加注重减少环境污染,着力促进防控措施由依赖单一化学农药防治向绿色防控和综合防控转变。

实施绿色防控是贯彻"科学植保、公共植保、绿色植保"理念的具体行动,是确保农业增效、作物增产、农民增收和农产品高质量的有效途径,是推进现代农业科技进步和生态文明建设的重大举措,是促进人与自然和谐发展的重要手段。

### 2.1.2 蔬菜绿色防控目的

绿色防控技术旨在通过综合使用农业防治、物理防治、生物防治、生态调控及科学用药等技术,有效替代传统化学农药的使用,从而在控制农作物病虫害发生的同时,更好地与环境相容,最大限度地降低植物保护措施对食品与生态环境的污染。

具体来说,蔬菜绿色防控主要有以下3个目的。

**1. 避免农药残留超标,保障农产品质量安全**

通过推广农业、物理、生物和生态防治技术,特别是集成应用抗病虫良种和趋利避害栽培技术,以及物理阻断、理化诱杀等非化学防治技术,可减少化学农药的使用,降低农产品农药残留超标风险,控制农业面源污染,保护农业生态环境安全。

**2. 控制重大病虫为害,保障主要农产品供给**

蔬菜病虫害绿色防控是为了适应农村经济发展新形势、新变化和发展现代农业的新要求而产生的。大力推进蔬菜病虫害绿色防控,有助于提高病虫害防控工作的装备水平和科技含量,有助于进一步明确主攻对象和关键防治技术,提高防治效果,把病虫为害损失控制在较低水平。

**3. 降低农产品生产成本,提升种植效益**

蔬菜病虫害防控单纯依赖化学农药,不仅防治次数多、成本高,还会造成病虫害抗药性增加而进一步加大农药用量。大规模推广蔬菜病虫害绿色防控技术可显著减少化学农药用量,提高种植效益,促进农民增收。

### 2.1.3 蔬菜绿色防控作用

蔬菜绿色防控主要是通过防治技术的选择和组装配套,从而最大限度确保农业生产安全、农业生态环境安全和农产品质量安全。其主要从以下5个方面发挥作用。

**1. 健康栽培**

从土、肥、水、品种和栽培措施等方面入手,培育健康作物。通过培育健康的土壤生态,采用抗性或耐性品种,抵抗病虫害侵染。采用适当的肥、水,以及间作、套种等科学栽培措施,创造有利于作物生长和不利于病虫害发生和发育的条件,从而抑制病虫害的发生与为害。

**2. 预防病虫害**

从生态学入手,改造害虫虫源地和病菌的滋生地,破坏病虫害的生态循环,减少虫源或菌源量,从而减轻病虫害的发生或流行。了解病虫害的发生规律,采取物理、生态或化学调控措施，破坏病虫害的关键繁殖环节，从而抑制病虫害的发生。

**3. 农田生态服务功能**

生态服务功能的核心是充分保护利用生物多样性，降低病虫害的发生与为害程度。既要重视土壤和田间生物多样性的保护和利用，同时也要注重农田周边生物多样性的保护和利用。生物多样性的保护和利用不仅可以抑制田间病虫害暴发成灾，而且可以在一定程度上抵御外来病虫害的入侵。

**4. 生物防治**

绿色防控注重采用生物防治技术，发挥生物防治的作用。可以通过农艺措施的调整来保护与利用自然天敌，从而将病虫害控制在经济损失允许范围内；也可以通过人工增殖和释放天敌，使用生物制剂来防治病虫害。

**5. 科学使用农药**

绿色防控要求尽量使用农业、物理及生态措施来减少化学农药的使用，在病虫害大发生期必须使用农药才能控制其为害时，也要优先使用生物农药或高效、低毒、低残留且在蔬菜作物上获得登记的农药。根据病虫的发生规律、为害部位，严格掌握施药时间、次数和方法，严格遵守安全间隔期，避免农药残留超标。

### 2.1.4　蔬菜绿色防控手段

蔬菜病虫害绿色防控以确保蔬菜生产、蔬菜质量和生态环境安全为目标，以减少化学农药使用为目的。化学防治是最直接有效的病虫害防治措施，但不是唯一的防治措施，应优先采取农业防治、物理防治、生物防治和生态调控等环境友好型技术来控制蔬菜生产中病虫害的为害。

**1. 农业防治技术**

实现绿色防控应先采用农业防治技术，遵循栽培健康作物的原则，从培育健康作物和良好的作物生态环境入手，使作物生长健壮，并创造有利于天敌生存繁衍、不利于病虫害发生的生态环境。在农业防治技术中，主要通过以下途径来实现绿色防控。

（1）选用抗性或耐性品种。选用抗性或耐性品种是栽培健康作物的基础。种植抗性或耐性品种可以减轻病虫为害，降低化学农药的使用量，同时有利于绿色防控技术的组装配套。

（2）培育壮苗。培育壮苗的主要措施有晒种、种子包衣、浸种催芽、幼苗嫁接、合理使用植物免疫诱抗剂等。

1）晒种。通过机械晒种或把种子摊放在干燥、向阳的席子上连续翻晒2~3天，促进种子的后熟和提高酶的活性，可有效提高种子的发芽率和发芽势。

2）种子包衣。使种衣剂含有的各种有效成分被种子吸收，从而达到有效防控蔬菜作物苗期病虫害，提高出苗率，促进苗全、苗壮与保护幼苗生长，提高作物产量的目的，如图2-1（彩图1）所示。

3）浸种催芽。在播种前对蔬菜种子进行温水浸种，促进种子及时发芽，有利于齐苗、匀苗、壮苗，形成壮秧，如图2-2（彩图2）所示。

图2-1 种子包衣

图2-2 浸种催芽

4）幼苗嫁接。把一株蔬菜幼苗的枝芽嫁接到另一株植物的枝芽上，使接在一起的两个部分长成一个完整的植株，增强植株抗病能力，提高植株抗寒能力，有利于减少连作障碍，提高作物产量，如图2-3所示。

图2-3 幼苗嫁接

5)合理使用植物免疫诱抗剂。植物免疫诱抗剂具有显著防病、防冻、增产、改善品质的效果,激活蔬菜作物体内分子免疫系统,提高植株抗病性。

(3)科学管理。科学管理技术包括适期播种、深沟高畦、合理密植、中耕除草、平衡施肥、科学灌溉、翻耕晒土、清洁田园、保持田间通风透光、清除或膜压田边杂草,以及轮作等。

1)适期播种。适期播种能使蔬菜作物从种子发芽、出苗到成熟的各个生育期均能获得较为有利的气候等环境条件,有利于培育壮苗,使植株正常生长、适时成熟的措施。

2)深沟高畦。深沟高畦具有增温、防渍、防病、早熟、高产作用,能增强土壤透气性以减轻雨涝为害,提高寒冷季节土壤温度以利于早熟、高产,降低田间空气湿度以抑制病害的发生与蔓延,如图2-4所示。

图2-4 深沟高畦栽培

3)合理密植。单位面积上根据蔬菜作物的种类、品种特性等,在植株间采用合适的株行距,充分发挥土、肥、水、光、气、热的效能,增加单位面积产量,如图2-5所示。

图2-5 合理的株行距

4) 中耕除草。应通过人工中耕或机械中耕及时防除田间生长在蔬菜作物间的杂草,给蔬菜作物提供良好的生长条件。

5) 平衡施肥。以有机肥料为主,根据作物需肥规律与肥料效应,在不同生长期提供氮、磷、钾及微量元素,可采用水肥一体化技术与设备,将灌溉与施肥融为一体,如图2-6所示。

图2-6 水肥一体化设备

6) 科学灌溉。根据作物的需水量,用喷灌、滴灌等技术以最少量的水满足作物的生长需求,达到灌溉的目的,降低田间湿度,减轻多种病害发生,如图2-7所示。

图2-7 滴灌灌水

7）翻耕晒土。深翻土壤（见图2-8），疏松耕作层，增加土壤孔隙度，改善土壤的理化性状，增强土壤的通透性，将病菌、害虫卵块和蛹等埋入深土层，抑制其繁殖、生长。还可翻耕晒土2周以上（见图2-9），起休闲农田、减轻连作障碍、灭菌、杀虫等作用。

图2-8　深翻土壤　　　　　　　　图2-9　翻耕晒土

8）清洁田园。清理田内杂草、落叶、落枝、落花、落果，减少田间再侵染病源，如图2-10所示。收获后清除病残体，深翻土壤，减轻田间病虫源。

图2-10　清洁的田园

9）保持田间通风透光。整枝打杈，摘除病叶、老叶、病果，发现病株及时拔除或剪去病枝，保持田间通风透光，减少病毒来源，如图2-11所示。保护地棚内应及时开棚通风、换气、降湿。

图2-11　清除病老叶以利通风透光

10）清除或膜压田边杂草。对地膜栽培蔬菜作物，采用地膜栽培方式生产，抵制草害发生，减轻田间病虫源，同时对田边杂草也可采用膜压方式抑制、去除，减少病虫害的中间寄主，如图2-12所示。

图2-12　膜压田边杂草

11）轮作。通过水旱轮作、感病的寄主作物与非寄主作物实行轮作，减少蔬菜土传病害等在土壤中的数量，减少田间害虫卵、蛹、幼虫、成虫。合理的轮作也是综合防除杂草的重要途径。

（4）生态环境调控。在蔬菜生产过程中，为增加光照利用率、反季节生产、减轻病虫为害，可利用人工保护地设施改变蔬菜作物生育期光照、温度、湿度等条件，并通过生态环境调控实现反季节生产，提高作物产量和品质。

常见生态环境调控的人工保护地设施有尼龙地膜、遮阳网、大棚（见图2-13）、温室（见图2-14）及配套使用的设施、设备。

图2-13 大棚　　　　　　　　图2-14 温室

（5）水培蔬菜。水培蔬菜是一种无土栽培方式，植株根系生长在不断循环流动的浅层营养液中，由营养液提供水分和养分，以生产生长周期短的叶菜类蔬菜为主，方便管理，如图2-15所示。技术关键在营养液的配制，营养液根据不同品种生长对养分的需求，按一定配比配制而成，兼顾不同生育期对养分的需求。

图2-15 水培蔬菜

**2. 物理防治技术**

利用器械、光、热、电、温度、湿度和声波等各种物理因素或方法防避、抑制、钝化、消除、捕杀有害生物的方法称为物理防治。目前主要推广应用的有杀虫灯诱杀、色板诱杀、防虫网应用、遮阳网防晒阻虫、无纺布应用、银灰网驱避、性诱剂诱杀等技术。

（1）杀虫灯诱杀技术。杀虫灯诱杀技术是使用太阳能频振式杀虫灯，利用昆虫对不同波长、波段光的趋性进行诱杀害虫，有效压低虫口基数，控制害虫种群数量的防治技术，如图2-16（彩图3）所示。其中，LED（发光二极管）新光源杀虫灯能设置害虫敏感的特定光谱范围的诱虫光源，诱导害虫产生趋光、趋波兴奋效应而扑向光源，光源外配置高压电网杀死害虫，使害虫落入专用的接虫袋（接虫箱），达到杀灭害虫的目的。

图2-16 杀虫灯诱杀

（2）色板诱杀技术。利用昆虫的趋色性制作的各类有色粘板诱杀害虫，如图2-17（彩图4）所示。为增强对靶标害虫的诱捕力，有时还将此技术与害虫性诱剂、植物源诱捕剂或者性信息素和植物源信息素混配的诱捕剂组合，还能诱集、指引天敌于高密度的害虫种群中寄生、捕食，达到控制害虫数量、减免虫害造成作物损失，以及保护生物多样性的目的。

（3）防虫网应用技术。防虫网以人工构建屏障的方式，达到人为隔断害虫为害和阻断病害传播的目的。防虫网的应用可避免20多种蔬菜主要害虫的为害，还可阻隔携带、传播病毒的蚜虫、烟粉虱、蓟马、美洲斑潜蝇等，达到防虫并控制、防治病毒病的效果，如图2-18所示。

图 2-17 色板诱杀

图 2-18 防虫网应用

(4) 遮阳网防晒阻虫技术。在夏秋高温、干旱时,对不耐热的蔬菜作物,如小棵绿叶菜,可在大棚顶覆盖遮阳网,以防烈日直射、暴雨冲刷、高温为害、病虫害传播,阻断害虫迁移为害,如图 2-19 所示。

利用遮阳网的透气性、透光性,在蔬菜育苗和直播时,也可将遮阳网直接盖于苗床作浮面覆盖。冬季可防寒保护,夏秋季可降温保湿,减轻病虫害发生,如图 2-20 所示。

(5) 无纺布应用技术。该技术可阻止露滴直接落在作物的叶茎上引发病害,并具有潮湿时吸潮、干燥时释放湿气的棚室微调作用,从而达到控制和减轻病害的发生与为害的目的,如图 2-21 所示。

图 2-19　遮阳网防晒阻虫

图 2-20　遮阳网浮面覆盖

图 2-21　无纺布应用

(6) 银灰网驱避技术。利用蚜虫、烟粉虱对银灰色有较强的忌避性，可用银灰色的遮阳网、防虫网（见图2-22），也可在田间挂银灰色塑料条或用银灰色地膜覆盖蔬菜来驱避害虫，并可预防病毒病。此技术适用于夏、秋季蔬菜田及设施蔬菜田。

图2-22 银灰网驱避

(7) 性诱剂诱杀技术。通过药剂或诱芯释放人工合成的性信息化合物，引诱雄虫至布置于田间的诱捕器（见图2-23）内实施诱杀，从而破坏雌雄交配过程，达到防治的目的。此技术可诱杀斜纹夜蛾、甜菜夜蛾、小菜蛾、豇豆荚螟、棉铃虫、瓜实蝇等多种蔬菜害虫。

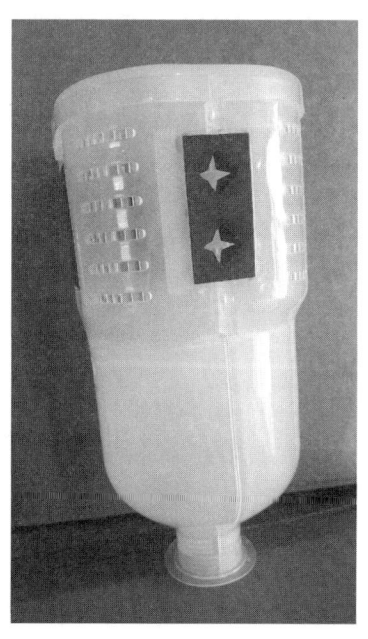

图2-23 诱捕器

**3. 生物防治技术**

保护和应用有益生物来控制病虫害,是绿色防控必须遵循的一个重要原则。通过保护有益生物的栖息场所,为有益生物提供替代的充足食物,扩大有益生物的种群数量,可达到自然控制病虫为害的效果。生物防治技术可以通过以下途径来实现。

(1) 保护有益生物。采用对有益生物种群影响最小的防治技术来控制病虫害,如利用性诱、食诱、色诱和光诱等选择性诱杀害虫技术,采用局部和保护性施药技术,避免大面积地破坏有益生物的种群。

(2) 创造有利天敌的生存环境。采用保护性耕作措施,如在冬闲田种植苜蓿、紫云英等覆盖作物,为天敌昆虫提供越冬场所。

(3) 人工繁殖和释放天敌。例如,人工繁殖和释放赤眼蜂防治玉米螟,利用丽蚜小蜂防治温室白粉虱等。

**4. 生态调控技术**

生态调控技术主要通过调整农田生态中病虫种群结构,设置病虫害传播障碍,调整作物受光条件和田间小气候,从而减轻作物病虫害和提高产量。生态调控技术可以通过间作(见图2-24)、套种、立体栽培(见图2-25)等措施,提高生物多样性,形成相对稳定的农田生态系统,减轻病虫害的发生与流行。

图 2-24  间作

图 2-25 立体栽培

## 2.2 物理机械防治

### 2.2.1 棚内温度控制

棚内温度控制是通过利用设施栽培便于控制调节小气候的特点，在早春至晚秋栽培季节，以关棚、开棚的简单操作提高或降低棚内温度。具备水帘通风降温系统的连栋大棚可利用设施栽培调控温度更方便的优势，调节处于生长期的作物生态，对有害生物营造短期的不适宜环境，达到延迟或抑制病虫害发生与扩展的目的，如图 2-26 所示。

图 2-26 连栋大棚水帘通风降温系统

当早春或晚秋满足夜间棚内最低温度低于15 ℃时，病害的发生期可明显延迟，且为害也会减轻。

休闲田在夏季高温季节，可利用日光对覆膜后的大棚土壤进行高温闷棚消毒，如图2-27所示。高温闷棚的温度调节范围为15～35 ℃，多数病虫害适宜发生温度为20～28 ℃，对土传病害、线虫等均有防治效果。闷棚防治适用于防病的特点是高温、降湿，而适用于防虫的特点是高温、高湿，防病与防虫操作有共同点，也有较大的区别，所以闷棚防治法需要较高水平的管理技巧，并应区分防控的主体靶标。

图2-27 高温闷棚消毒

**1. 病害的防控操作**

棚内温度晚上不低于15 ℃（晚上低于15 ℃时关棚调节，高于15 ℃时不关棚或不关密棚）。白天关棚保温达到35 ℃以上时，可少许开棚通风调节，尽量长时间将温度维持在28 ℃以上；棚内温度低于28 ℃时，开棚降温、降湿，避开病虫发生的适宜温区。闷棚防治黄瓜霜霉病是成功的例子。选择晴天中午，密闭大棚，使温度上升到45～46 ℃，不能高于48 ℃，保持2 h，然后通风，对黄瓜霜霉病有良好的防治效果。

**2. 微型害虫的防控操作**

靶标害虫主要是微型害虫，如蚜虫类、粉虱类、蓟马类、螨类和潜叶蝇类等。实施前注意天气预报，确认当天无雨（最好选择在作物需要浇水时），并在实施前1天关棚试验，确定最佳的关棚时间、最高温度可否提升至最高温限，以及达到最高温限的时段。可达到最高温限的时间越长，控害效果越好。当天早上8点以前，再次确认天气预报。阴雨天不利于提升温度，不宜关棚，而应全天开棚通风换气、降湿度，否则不仅无法达到控虫目的，反而引发病害。8点后，待阳光较充足时，开始在棚内喷水，以棚内作物叶片、土表湿润为宜，关棚提温产生的闷热、高湿不利于微型害虫的发生，能杀死抗逆性弱的害虫个体。有些微型害虫热晕以后，掉落在叶面的水滴内淹死或掉落在潮湿的泥土表面（不能再起飞）而死亡。

害虫发生严重时，还可以配合使用杀虫烟雾剂以获得良好的控害效果。当棚内温度下降到25 ℃以下时，开棚降温、降湿。间隔5~7天实施1次，视害虫发生情况，连续3~5次。

### 2.2.2 棚内湿度控制

为防止病害的发生与流行，促进温室大棚作物更好生长，要严格控制棚内湿度，主要调节空气湿度和土壤湿度。在寒冷的冬春季节，蔬菜大棚内的湿度会明显上升，这不仅会阻碍蔬菜正常生长，还易引发蔬菜病害。因此，加强大棚内部的湿度调控工作十分必要。

**1. 通风换气**

通风换气是调节温室大棚内湿度简单有效的方法，通过通风换气引进湿度相对较低的空气，能对棚内湿度较高的空气起到稀释作用。

**2. 大棚加热**

加热提高温室大棚内的温度，能起到降低棚内空气湿度的作用。通常情况下，大棚温度每升高1 ℃，湿度就会减少5%左右，因此可以选择在光照较好、气温较高的天气进行棚内升温，以有效降低湿度。如能将通风与加热结合起来，对于降低棚内空气湿度更为有效。

**3. 改进灌溉方式**

在温室大棚中，采用滴灌（见图2-28）、微喷灌（见图2-29）等节水灌溉措施，可以减少地面积水，显著减少地面蒸发量，从而降低空气湿度。

图2-28 滴灌

图2-29 微喷灌

### 4. 地膜覆盖

对棚内的蔬菜进行地膜覆盖（见图 2-30），可以有效阻挡多余水分的进入，减轻湿度过高给蔬菜生长造成的为害。采用地膜覆盖也能减少地面水分蒸发，棚内覆盖地膜后，温室空气相对湿度可由 95%～100% 下降为 75%～80%。

图 2-30　地膜覆盖

### 5. 铺设吸水材料

在大棚内部铺设吸水材料，如稻谷壳（见图 2-31）、小麦秸秆、草木灰、生石灰等，可吸收空气中的水分，降低空气中的含水量，从而降低空气湿度，提升棚内的降湿效果，维持适宜作物生长的湿度。

图 2-31　棚内铺设谷壳降湿

### 6. 品种布局

不同品种蔬菜对湿度需求存在差异，种植时要将不同湿度需求的蔬菜分开。可以在蔬菜连栋大棚、温室内加装能感应温度、湿度变化的设备进行环境监测（见图2-32），对大棚内的湿度情况做到随时监测。发现湿度过高时，可及时采取相应措施。加强大棚的巡查工作，对于大棚积水的情况及时进行处理，以免为害扩大。

图2-32 温室环境监测

在有些情况下，温室大棚内需要加湿以满足作物生长需求，如新扦插的作物、新嫁接的苗都需要高湿环境。常见的加湿方法为细雾加湿，其基本原理是在高压作用下，水雾化为直径较小的雾粒飘在空气中并迅速蒸发，从而提高空气湿度。

## 2.2.3 尼龙棚膜使用技术

设施农业的发展加速了尼龙棚膜的使用，如图2-33所示。尼龙棚膜作为大棚的主要透明覆盖材料，在设施蔬菜生产中起着举足轻重的作用。常用的尼龙棚膜有聚氯乙烯（PVC）棚膜、聚乙烯（PE）棚膜、乙烯-醋酸乙烯共聚物（EVA）棚膜等，不同类型的棚膜对设施光温环境影响很大。尼龙棚膜通过影响设施内光温环境，进而影响蔬菜的生长发育。合理选用尼龙棚膜可以促进蔬菜生长，提高蔬菜抗病虫能力和产量。

以下是几种常用尼龙棚膜的特点。

**1. 聚氯乙烯（PVC）棚膜**

这类棚膜具有保温性、透光性、耐候性好，易造型等特点。初期透光率高、有弹性，适合作为温室、大棚及中小拱棚的外覆盖材料。其最大优点是具有难燃性和自熄性。缺点是棚膜相对密度大，相同质量的棚膜覆盖面积比聚乙烯（PE）棚膜少1/3且成本高。在

图 2-33 尼龙棚膜

低温下易脆化、变硬，在高温下易软化、松弛，耐老化性也变差，这是由于增塑剂等助剂的析出防尘性不好，相对使用期较短，对应力敏感，变形后不能完全复原。

**2. 聚乙烯（PE）棚膜**

这类棚膜包含高压聚乙烯（LDPE）棚膜、线性低密度聚乙烯（LLDPE）棚膜、高密度聚乙烯（HDPE）棚膜等。聚乙烯（PE）棚膜质地轻、柔软、易造型、透光性好、无毒，适于做各种棚膜，是我国主要的棚膜品种。其缺点是耐候性及保温性差，不易粘接。

**3. 乙烯-醋酸乙烯共聚物（EVA）棚膜**

由 EVA 制造的棚膜，透光性、保温性及耐候性都强于聚氯乙烯（PVC）或聚乙烯（PE）棚膜。EVA 棚膜覆盖可较其他棚膜覆盖的田块增产 10% 左右，可连续使用 2 年以上，老化前不变形。用后方便回收，不易造成土壤或环境污染。

除了以上这些棚膜外，还有一种挤压式 3 层复合膜，即 PEP 膜（PE + EVA + PE），除了抗老化、防雾滴等效果外，其强度更高。

## 2.2.4 遮阳网使用技术

遮阳网是用聚烯烃树脂加入防老化剂和各种色料，熔化后拉丝编织而成的一种强度高、重量轻、耐老化、柔软且便于铺卷的网状材料，如图 2-34 所示。遮阳网可大幅减少地表太阳辐射，增加空气湿度，抑制土壤水分蒸发，保墒防旱效果显著。

**1. 遮光率**

由于遮阳网种类较多，应根据当地的自然光照强度，以及作物的光饱和点、光补偿点，科学选择遮阳网网型和覆盖方式，加强管理，防止产生负面效应。遮阳网的遮光率为 35%～95%，一般根据纬编密度，即一个密区（25 mm）中扁丝的根数进行编号，如 SZW-8 表示

图 2-34 遮阳网

1 个密区中有 8 根扁丝。遮光率与纬编密度的扁丝根数呈正相关,即扁丝根数越多,遮光率越大。

**2. 颜色**

根据添加材料的不同,遮阳网的颜色有黑色、银灰色、白色、浅绿色、蓝色、黄色,以及黑色与银灰色相间等。不同颜色的遮阳网遮光率不同,以黑色遮阳网遮光率最大,绿色遮阳网次之,银灰色遮阳网遮光率最小。生产中应用较多的为黑色和银灰色遮阳网,或黑色与银灰色相间的遮阳网,如图 2-35 所示。

图 2-35 黑色与银灰色相间的遮阳网

**3. 覆盖方式**

遮阳网覆盖方式较多,有外覆盖、内平覆盖、内覆盖和浮面覆盖。

(1) 外覆盖。外覆盖是指将遮阳网覆盖在棚膜之上,外覆盖可阻挡大部分阳光,直接减少直射和散射光进入棚内，减少辐射蓄热，如图2-36所示。

图2-36　外覆盖遮阳网

（2）内平覆盖。内平覆盖是在棚内离地面一定高度，将遮阳网拉平拉直进行覆盖，主要使用在配套设施较为齐全的连栋大棚和温室内。由于外覆盖多用黑色遮阳网，内平覆盖往往使用银灰色遮阳网，如图2-37所示。

图2-37　内平覆盖遮阳网

（3）内覆盖。内覆盖是指将遮阳网在棚内紧贴棚架进行覆盖，如图2-38所示。由于阳光穿过覆盖材料后在棚的顶部聚集热量，棚内热量分布不均，越靠近棚上部温度越高。

（4）浮面覆盖。浮面覆盖即直接覆盖或畦面覆盖，即在夏秋蔬菜播种时用遮阳网直接覆盖苗床、直播田，起保温、保湿作用，如图2-39所示。

图 2-38　内覆盖遮阳网

图 2-39　浮面覆盖遮阳网

**4. 适用温度**

遮阳网的降温效果与天气关系很大。覆盖遮阳网应准确把握时间和天气。夏季晴天条件下，室外最高气温在 35 ℃以上，露地地表温度在 48 ℃左右，遮阳网的降温幅度可达 8~13 ℃。当室外最高气温为 25 ℃左右时，露地地表温度为 35 ℃，遮阳网的降温效果明显减弱。

## 5. 技术应用

蔬菜夏季育苗时，覆盖遮阳网起降温保湿作用。晚秋至早春，在夜间使用浮面覆盖遮阳网，温度可较露地提高 1~3 ℃，可用于叶菜类蔬菜安全越冬，可使茄果类、瓜类、豆类作物提前定植。在遇到严重冻害时，遮阳网内光线弱，温度回升缓慢，可缓解冻融过程，抑制蔬菜因组织脱水而坏死，减轻霜冻为害。

夏季病虫多发，利用蚜虫对银灰色的驱避性，覆盖银灰色遮阳网可驱避蚜虫，如图 2-40 所示。

图 2-40　银灰色遮阳网

可采用银灰色塑料条避蚜虫，在蔬菜田内悬挂银灰色塑料条，或在大棚内、大棚边悬挂银灰色塑料条（见图 2-41），铺银灰色地膜，对蚜虫迁飞与传播病毒病均有较好效果。

图 2-41　悬挂银灰色塑料条

## 2.2.5 地膜覆盖技术

地膜覆盖技术作为现代化农业生产的一项重大技术措施，具有增温、保水、保肥、保墒、改善土壤理化性质、抑制杂草生长、提高土壤肥力、减轻病害、提高产量等特点，使地膜成为除了种子、农药、化肥后第四大农业生产资料。

地膜覆盖是将塑料薄膜根据作物需要铺在垄畦上。理论上讲，地膜覆盖栽培适用于所有的蔬菜，但从栽培的效益看，以经济效益较高的茄果、瓜、豆类为宜，还有甘蓝、花椰菜、白花甘蓝（芥蓝）、西洋芹、生菜等。选用大、中、小棚加地膜的覆盖栽培模式，可提高地膜覆盖的栽培效果和效益。沙地和盐碱地适于应用推广该技术。

根据当地实际，选择适宜的季节铺设地膜至关重要。地膜覆盖的目的是增温、保墒，无论选用哪种地膜，膜下的地温都会升高，只是升高的幅度略有差异而已。南方地区蔬菜地膜覆盖宜在早春、晚秋、秋冬及冬春进行，夏季不宜采用。秋菜和秋冬菜地地膜覆盖栽培时，由于前期温度高、后期温度低，可在地膜覆盖前期选用黑白双面膜、黑膜或灰黑双面膜。

地膜包括无色透明地膜、有色地膜和特种地膜3种。

**1. 无色透明地膜**

无色透明地膜有良好的透光性，增温、保墒效果也很好，早春时节铺设无色透明地膜可使耕层土壤地温升高2~4℃，高温时期膜下地表温度可达60℃以上。其缺点是地膜下易生杂草，铺膜前或铺膜时应清除杂草，如图2-42所示。

图2-42 无色透明地膜

## 2. 有色地膜

在地膜原料中添加不同颜色的染料,对作物、害虫、杂草会产生不同的影响。有色地膜如图2-43所示。

图2-43 有色地膜

(1)黑色膜。与无色透明地膜相反,黑色膜的透光性很差,太阳光大部分被其吸收,膜下杂草因缺光而黄化、死亡,可有效防止杂草丛生。缺点是土壤升温效果不如无色透明地膜,一般可使土温升高1~3℃,且自身容易老化,适于夏季覆盖,在蔬菜、棉花、甜菜、西瓜、花生等作物上均可应用,如图2-44所示。

图2-44 黑色膜

(2) 银灰色条带膜。这种膜就是在无色透明地膜或黑色膜上印上银灰色条带,这种地膜不仅具有一般地膜的性能,还具有避蚜、防病的功能。银灰色条带膜趋避防虫防控原理是利用蚜虫、烟粉虱对银灰色有忌避性。

(3) 黑白双色膜。黑白相间双色膜,白色利于土壤增温,黑色利于抑制杂草。黑白正反双色膜,白色面向上,可反光降温,黑色面朝下,可抑制杂草。夏、秋季大棚栽培应采用黑白双色膜来降低地温以及避虫害。

**3. 特种地膜**

特种地膜可分为除草膜、光解膜和有孔膜。

(1) 除草膜。在地膜的制作过程中掺入除草剂,覆盖地表后单面可析出除草剂70%~80%,膜下水滴溶解这些除草剂后滴入土壤或杂草触及地膜时被除灭,如图2-45所示。

图 2-45 除草膜

(2) 光解膜。在吹塑过程中混入一定量的"促老化材料"而制成,这种地膜经过一定时间(40天、60天、80天)后可自行老化降解成小块,然后进一步降解成粉末掺混于土壤中,不会对环境造成污染,对土壤结构也无不良影响。

(3) 有孔膜。有孔膜在地膜吹塑成型后经圆刀切割打孔而成,孔径、孔数和孔的排列根据栽培作物株行距要求而定,可增加地膜透气性,防止膜下土壤二氧化碳含量过高。

随着地膜覆盖技术的广泛应用,地膜覆盖栽培也带来一些不良影响。塑料地膜使用后剩下的残膜如果不清理干净,会随着残膜量的增加,导致土壤板结、通透性差,阻碍水分流动,抑制根系生长,并且破坏土壤质地,从而造成作物产量、品质降低。因此,在应用地膜覆盖技术时,应尽量使用抗老化、耐久性好的地膜,并及时清理、回收、处理,将其残留量降至最低。有条件的地区可以采用降解地膜,减少农业环境污染。

## 2.2.6 滴灌使用技术

滴灌技术的原理是将输水管内有压水流通过消能滴头,使水流变成点滴的形式浇灌入土壤中。当水滴离开滴头时将不受到其他外力影响,仅依靠自身重力作用于土壤表面。

滴灌的方式将直接作用于作物根系附近的土壤,因此体现出节能的应用优势。另外,滴灌技术给水比较缓慢,每次进行滴灌的水流量都比较小,能够降低水管内部的工作压力与摩擦损失,实现低能耗、高均匀度的浇灌工作。

使用膜下滴灌(见图2-46),可以提高作物产量与品质,降低棚内湿度,减少病害发生,在各种形式的种植产业中都得到了较好的应用效果。在温室大棚中使用滴灌技术时,通过控制水分,改变棚内水、肥、气、热等环境因素,可人为创造一个适宜作物生长的环境,避免大水漫灌诱发霉菌等为害,节水、增产效益显著。

图2-46 膜下滴灌

**1. 主要结构**

通常情况下,应用于温室大棚的滴灌系统主要结构有水源工程、首部枢纽、输水管网,以及灌水器。水源工程是滴灌工作的基础,主要设施为蓄水池,同时完善其配套的电力工程,共同发挥水源工程效用;首部枢纽是滴灌工程的核心,主要设备结构包括加压水泵、控制阀、过滤器、施肥阀、水表等；输水管网也是必不可少的基础设施，通常将输水管网埋设在地下，其中各级输水管首部设有控制阀，以便控制滴灌工作的开展；灌水器可采用内镶式滴灌软管，布置时可采用双行作物双管、双行作物单管、单行作物单管等形式。

**2. 灌水方式**

采用滴灌管进行灌水的原则是勤灌少灌。灌水一般选择有阳光的上午。如果天气不好仍需要灌水，应采取单次少灌。

当灌清水时，需要先将施肥器上的吸管关闭，然后将水管阀门开至最大，再接通有压水源，即可进行灌水。

当灌施肥水时，技术人员应当将阀门关闭，打开施肥吸管开关，固定好过滤器，接通水源即可进行施肥。施肥结束后，关闭施肥器吸管上的开关，打开水管阀门继续灌水，以便将管内残留肥水冲净。

### 2.2.7 喷淋使用技术

在温室大棚中，采用喷淋技术可使棚内的水、肥、温度等互相作用，调控空气湿度，改善作物生长环境。喷淋可根据蔬菜需水量适时供水，保证土壤不板结，从而促进蔬菜生长和延长蔬菜供应期。温室大棚内采用喷淋技术，既可减轻种菜者劳动强度，又可促进蔬菜增产，如图2-47所示。

图 2-47 棚内喷淋

**1. 主要结构**

喷淋系统设备包括水源、喷淋泵、输水管、喷头等，如图2-48所示。温室大棚对这些喷淋设备有一定的要求,水源清洁、无污染、无杂质,喷淋泵与水源条件应配套合理,泵与喷头工作参数应协调一致,泵与动力机械、管路、传动及连接设备应配套合理。当流量要求不大、压力要求不高时,尽量选用单相水泵。喷头抗堵塞性能好,喷水雾化均匀,与喷淋泵相匹配。

图2-48 输水管和喷头

**2. 喷淋方式**

喷淋时间一般选在上午或下午,这时进行喷淋后地温能快速上升。喷水时间及间隔可根据蔬菜不同生长期和需水量来确定。随着蔬菜植株的增高,喷淋时间须逐步延长。经测定,在高温季节喷灌20 min,棚内可降温6~8 ℃。因喷淋水直接喷洒在作物叶面上,便于叶面吸收,既防止病虫害,又利于蔬菜生长。

喷淋能够随水施肥,结合喷施叶面肥能提高肥效。一次喷淋15~20 min。喷淋施肥后,继续喷水3~5 min,以清洗管道与喷头。

### 2.2.8 植保无人机飞防

采用智能操控,操作者通过卫星定位系统在地面遥控操作,以喷洒农药为主实施植保无人机飞防作业,如图2-49所示。无人机旋翼产生的向下气流有助于增加雾流对作物的穿透性,对露地甘蓝、大白菜、青菜等蔬菜作物可以提高农药利用率和防治效果,有效推进蔬菜病虫害大面积统防统治。智能植保无人机替代人工喷洒农药、肥料、种子等,实现了"机器替人",省时、省力、省人工,提高工作效率。

图 2-49 植保无人机飞防

## 2.3 生物防治措施

### 2.3.1 天敌保护

**1. 天敌保护利用**

大棚蔬菜天敌昆虫有很多,主要使用的天敌昆虫有捕食螨、胡瓜钝绥螨、巴氏钝绥螨、智利小植绥螨、加州新小绥螨、斯氏钝绥螨、丽蚜小蜂、赤眼蜂、异色瓢虫、熊蜂等。天敌昆虫的使用和化学农药不一样,必须提前进行。如果对天敌昆虫的习性和发生规律有足够的了解,并能给予适当保护,排除不利因素,创造适宜的环境条件,减少或避免对天敌的伤害,则天敌昆虫数量增多,食虫量也会相应增加,就能发挥控制害虫的作用。

生物防治是利用一种生物对付另一种生物的方法,保护本地天敌昆虫,应根据对其影响最大的环境因素,制定相应的保护措施。目前对天敌昆虫影响最大的环境因素是不合理的农药使用,因此合理、规范使用化学农药,注意化学防治与生物防治的协调应用,是保护本地天敌昆虫的重要措施。

(1)药剂选择。选用对天敌昆虫伤害轻的农药。一般药效期短的、残毒作用小的或具有内吸作用的杀虫剂对天敌昆虫的影响较小。

(2)药剂浓度。选择对害虫有防治效果,而对天敌昆虫没有很大影响的浓度,称为有效低浓度。选用有效低浓度施药，不仅可以保护天敌昆虫，还能节省农药、减少污染。

（3）用药适期。通过田间调查，掌握害虫和天敌昆虫的情况，选择对害虫有效而对天敌昆虫伤害较小的时期施药。

（4）用药方法。防止天敌昆虫中毒，用药方法起决定性作用。一般毒饵对天敌昆虫最安全，种子处理、土壤施药、树干敷扎、涂茎、撒施毒土或颗粒剂等，可以避免或减少对天敌昆虫的不良影响。

**2. 释放人工繁殖天敌**

（1）捕食螨防治蔬菜叶螨。捕食螨防治蔬菜叶螨技术是利用捕食螨对叶螨的捕食作用，特别是对叶螨卵及低龄若螨的捕食，从而达到抑害和控害的目的，是安全特效的叶螨防控措施。

蔬菜上为害的主要叶螨有朱砂叶螨、二斑叶螨等，其天敌捕食螨的本土种类主要有拟长毛钝绥螨、长毛钝绥螨和巴氏钝绥螨等，可以用于防治黄瓜、茄子、辣椒等蔬菜上的叶螨。引进的智利小植绥螨是叶螨属叶螨的专性捕食性天敌昆虫，对叶螨有较强的控制能力。

通常捕食螨送达后要立即释放，在温暖、潮湿的环境中使用效果好，而高温、干旱时释放效果差。如温室大棚太干应尽可能通过喷雾方法增加空气湿度。捕食螨对某些农药敏感，释放后须禁用农药。

（2）捕食螨防治蔬菜蓟马。捕食螨防治蔬菜蓟马技术是利用捕食螨对蓟马的捕食作用，特别是对蓟马初孵若虫、落入土壤中的老熟幼虫、预蛹及蛹的捕食作用，从而达到抑害和控害的目的，是安全有效的蓟马防控措施。

（3）丽蚜小蜂防治烟粉虱。保护地栽培易发生烟粉虱，烟粉虱的寄生性天敌资源丰富，应用丽蚜小蜂防治烟粉虱是"以虫治虫"的实用技术，丽蚜小蜂成虫还能将卵产在寄主体内抑制寄主发育。丽蚜小蜂防治不适宜在高温、高湿的地区或高温、高湿设施内应用，田间管理的温度调控范围为 15～35 ℃，相对湿度控制在 25%～55%，光照充足。放蜂控害期间不使用杀虫剂，并在烟粉虱初始发生期使用。

## 2.3.2 微生物防治

**1. Bt 防治鳞翅目害虫**

苏云金杆菌简称 Bt，是用杀虫细菌苏云金杆菌制成的生物农药制剂，如图 2-50 所示。剂型主要有可湿性粉剂、乳剂及水分散粒剂 3 种。用生物农药苏云金杆菌防治鳞翅目害虫属微生物防治，又称"以菌治虫"或"微生物治虫"。

苏云金杆菌产生的毒素对鳞翅目害虫的幼虫有较强的胃毒作用。胃毒致死有一个过

图 2-50 苏云金杆菌

程，使用时要掌握好防治适期，一般为鳞翅目害虫产卵盛期至二龄幼虫期前，要比化学农药的经验防治期提前2~3天。害虫1个世代发生间隔期内要连续喷药2~3次，错过时机，害虫耐药力增强，防效降低。必须用足剂量，以此来稳定杀虫效果，避免降低防效，注意超剂量用药会加快害虫的抗药性。不能将化学农药的杀虫理念套用在微生物防治上，要严格按使用方法使用，最大限度地发挥好生物农药药效。

使用时必须避开阳光直射时段，最好选在清晨、傍晚或阴天时施用。可与杀虫剂或杀螨剂混合使用，具有增效作用，但严禁与杀菌剂混用。喷药后遇小雨无妨碍，遇中至大雨应补喷。

**2. 昆虫病毒类生物杀虫剂防治主要夜蛾科害虫**

昆虫病毒目前应用较多的主要是核型多角体病毒和颗粒体病毒等杆状病毒，主要是利用生态系统食物链中寄生与被寄生种群关系原理，通过人工释放病毒病原体，增加病毒病原体种群的数量，达到有效控制宿主的数量，减少其对农作物的为害。

（1）防治对象。主要用于防治鳞翅目、鞘翅目害虫为主的农林害虫，目前国内生产的昆虫病毒制剂在蔬菜上主要用于防治斜纹夜蛾、甜菜夜蛾、小菜蛾、菜青虫和棉铃虫等害虫。用药时先以少量水将所需药剂调成母液，再按相应浓度稀释，均匀喷洒。

（2）防治适期。在害虫产卵高峰期用药最佳，选择傍晚或阴天施药，尽量避免阳光直射。

对作物的新生叶片等害虫喜欢咬食的部位应重点喷洒，便于害虫大量取食病毒粒子，喷药时应二次稀释。切忌与碱性物质混用，密封储存于阴凉干燥处，保存期2年。

## 2.4 药剂防治措施

### 2.4.1 农药配制方法

采用喷雾方法防治病虫害时，一般都用水稀释农药后再喷洒，农药稀释的用水量与农药用量常用百分比浓度或倍数浓度表示。

**1. 百分比浓度表示法**

百分比浓度是指农药的百分比含量。如用25%的农药配制0.01%的药液15 kg，需25%的农药用量的计算公式如下：

农药用量=使用浓度×用药量÷农药百分比含量

计算如下：农药用量=0.01%（使用浓度）×15 kg（用药量）÷25%（农药百分比含量）=6 g。

称取25%农药6 g、水15 kg，用少量水配制成母液后，再用剩余的水稀释，即为0.01%的药液。

**2. 倍数浓度表示法**

倍数浓度是喷洒农药时经常采用的一种表示方法，是指水的用量为农药用量的 $n$ 倍。配制时，可用下列公式计算：

使用倍数×农药用量=稀释后的药液量

农药用量=稀释后的药液量÷使用倍数

例如，配制3000倍药液15 kg，需用农药5 g。

**3. 注意事项**

忌用活水、井水配制农药。活水中杂质多，用其配药易堵塞喷雾器的喷头，同时还会破坏药液的悬浮性而产生沉淀。井水中含矿物质较多，特别是含钙、镁较多，这些矿物质与药液混合后容易产生沉淀而降低药效。

忌任意加大水量，这会降低药效甚至使农药完全失效。过量加水还会造成农药流失，污染环境。

施药人员应严格掌握施药浓度，避免中午高温和风大时施药，施药后应及时用肥皂洗手。刮风时施药会使药粉或药液飘散；雨天喷药，药剂易被雨水冲刷而降低药效；烈日下喷药，植物代谢旺盛，叶片气孔开张，容易产生药害且易使药剂挥发，降低防治效果。最佳施药时间为上午 8 时至 11 时，下午 3 时至 6 时。

### 2.4.2　农药的二次稀释

二次稀释法是指在配制农药药液时，先用少量水将药液调成浓稠母液，然后再稀释到所需浓度。

**1. 二次稀释法的优点**

（1）使药剂在水中分散均匀。例如，可湿性粉剂的粉粒往往团聚在一起成为粗团粒，如果直接投入药水箱中一次性配液，则粗团粒尚未充分分散即沉到水底，此时再进行搅拌就难使其分散均匀。因此，先用少量水配成较浓稠的母液，进行充分搅拌，使粉粒分散后再倒入药水箱中进行最后稀释。胶悬剂在存放过程中易出现沉积现象，即上层逐渐变稀而下层则逐渐变浓稠，配制药液时必须采取二次稀释法配制。

（2）有利于准确用量。绿色防控要求减少农药的用量，有时要将十几克甚至几克农药分配到多个喷雾器中。这时采用二次稀释法配制有利于准确取药。如将 8 g 药剂兑水 45 kg，装入 3 个 15 kg 容积的药桶中。每桶用药 2～3 g，每桶单独配制时既不易称量准确，又难以稀释均匀，因而可将 8 g 药剂加水 600 g 配成母液，然后在每个桶中加入母液 200 g，再加水 15 kg 稀释即成。

（3）减少农药中毒的为害。配制药液量大时，可能有多次接触药剂的机会，采取二次稀释法减少接触高浓度药剂的机会，也就减少了中毒的可能性。

**2. 二次稀释法的使用**

（1）量取或称取所需用量的农药，注入适量的水配成母液。对悬浮剂等黏性较大的药剂，要将沾在小包装上的药剂清洗下来，轻轻搅动使容器中的药剂充分分散溶解，再用量杯计量使用。

（2）使用背负式喷雾器时，可以在药桶内直接进行二次稀释。先在药桶内加少量的水，再加放适量的药液，充分搅拌摇匀，然后再补足水混匀使用。

（3）用机动喷雾机具进行大面积施药时，可用一些较大的容器，如桶、缸等进行母液一级稀释。二级稀释时可在喷雾器药桶内进行配制，混匀后使用。

### 2.4.3　农药的正确合理使用

实施绿色防控，必须遵循科学使用农药原则。农药作为防控病虫害的主要手段，具有不可替代的作用。但与此同时，农药带来的负面效应也是不可忽视的，如农药中毒、食物中毒、环境污染等。科学使用农药，充分发挥其正面的、积极的作用，避免和减轻其负面效应是实现绿色防控的最终目标。可以通过以下途径来实现科学使用农药。

**1. 优先使用生物农药及高效、低毒、低残留农药**

绿色防控强调尽量使用农业措施、物理以及生态措施来减少农药的使用，但是在大多数情况下，必须使用农药才能有效地控制病虫为害。因此，在选择农药品种时，应优先使用生物农药及高效、低毒、低残留、环境友好型农药。

**2. 对症用药**

农药的种类不同，防治的范围和对象也不同，要做到对症用药，同时必须了解农药的性能和防治对象的特点，即使是同一种药剂，剂型与规格不同，使用方法也有差异。

**3. 有效、低量、无污染**

农药的使用不是越多越好，随意增加农药的用量、使用次数，不仅增加成本而且还容易造成药害，加重污染。在高浓度、高剂量的作用下，害虫和病原菌的抗药性增加更快，给以后的防治带来潜在的危害。

配药时，药剂的浓度要准确，不可随意增加浓度。根据病虫害发生规律，严格掌握用药时间、次数和方法。施药人员施药时应遵守农药安全使用条例，注意安全用药，防止药液接触皮肤和进入体内。施药器械要选用高效能的产品，增加农药在靶标上的沉积，提高农药利用率，减少农药浪费和环境污染。

**4. 交替轮换用药**

要交替使用不同作用机制、不同类型的农药，避免抗药种群的产生，可有效提高防治效果，回避交互抗性，避免长时间地重复使用同一农药或作用机制相同的农药，延缓病虫抗药性的产生。夏、秋季病虫害发生高峰期用药，用药频率高，更应交替轮换，避免或延缓病虫抗药性的产生。

**5. 注意农药安全间隔期**

绿色防控的主要目标是要避免农药残留超标，保障农产品质量安全。使用农药一定要严格遵守农药使用安全间隔期，近期内只要使用过农药防治，收获时农产品上就一定会有农药残留，未过农药安全间隔期的蔬菜不可采摘上市，杜绝农药残留超标现象。

**技能操作**

## 农药的二次稀释

**操作准备**

1. 蔬菜大棚1个，操作台1个/人。
2. 农药1小袋、500 mL烧杯、清水、搅拌棒、背负式喷雾机等。

**操作步骤**

步骤1 将袋装农药倒入烧杯。

步骤2 清水冲洗药袋2次并倒入烧杯。

步骤3 烧杯内加清水至500 mL，搅拌均匀。第一次稀释液为500 mL，完成第一次稀释。

步骤4 在喷雾机药桶内倒入清水4.5 kg。

步骤5 在喷雾机药桶内倒入烧杯内的500 mL药液。

步骤6 将喷雾机药桶内的药液搅拌均匀。第二次稀释液为5 kg，完成第二次稀释。

## 本章测试题

**一、判断题**（将判断结果填入括号中，正确的填"√"，错误的填"×"。）

1. 生物防治是利用一种生物对付另外一种生物的方法。（    ）
2. 使用膜下滴灌浇水，棚内湿度降低，病害发生多。（    ）
3. 在夏季高温季节，利用日光对大棚的土壤进行高温闷棚消毒，对土传病害、线虫等均有防治效果。（    ）
4. 银灰色条带膜趋避防虫防控原理是利用蚜虫、烟粉虱对银灰色的忌避性。（    ）
5. 未过农药安全间隔期的蔬菜也可采摘上市。（    ）
6. 施药人员施药时应遵守农药安全使用条例，注意安全施药，防止药液接触皮肤和进入体内。（    ）
7. 防虫网以人工构建屏障的方式，达到人为隔断害虫为害和阻断病害传播的目的。（    ）
8. 化学防治是最直接有效的病虫害防治措施，也是唯一的防治措施。（    ）

**二、单项选择题**（选择一个正确的答案，将相应的字母填入题内的括号中。）

1. 施药人员应严格掌握施药浓度，避免（    ）施药，施药后应及时用肥皂洗手。
   A. 中午高温和风大时　　　　B. 白天
   C. 晴天　　　　　　　　　　D. 多云天

2. 近期内只要使用过农药防治，收获时农产品上就一定会有（    ）。
   A. 病害症状　　B. 虫口　　C. 农药残留　　D. 药斑

3. 夏、秋季病虫害发生高峰期用药，应（    ），避免或延缓病虫抗药性的产生。

A. 重复多次　　B. 交替轮换　　C. 增大药量　　D. 提高浓度

4. 蔬菜夏季进行育苗时，最后盖上遮阳网的作用是（　　）。

A. 保温保湿　　B. 降温保湿　　C. 降温降湿　　D. 保温降湿

5. 夏、秋季大棚栽培应采用（　　）或银灰色条带膜来降低地温以及避虫害。

A. 白地膜　　B. 透明地膜　　C. 黑地膜　　D. 黑白双色膜

6. 蔬菜大棚内，为防止病害的发生与流行，最主要的是要控制好棚内（　　）。

A. 化肥　　B. 湿度　　C. 基肥　　D. 温度

7. 农药应优先选用（　　）及高效、低毒、低残留农药。

A. 化学农药　　　　　　　　B. 复配农药

C. 植物生长调节剂　　　　　D. 生物农药

## 本章测试题参考答案

一、判断题

1. √　2. ×　3. √　4. √　5. ×　6. √　7. √　8. ×

二、单项选择题

1. A　2. C　3. B　4. B　5. D　6. B　7. D

# 第 3 章

蔬菜物理防治的主要手段

3.1 物理防治原理　/60

3.2 趋光性防治　　/63

3.3 趋色性防治　　/66

3.4 性诱防治　　　/68

3.5 防虫网防治　　/71

**学习目标**

◆ 了解物理防治的原理
◆ 熟悉各种物理防治的手段
◆ 掌握各种物理防治的正确操作方法

**知识要求**

随着蔬菜产业特别是设施蔬菜的飞速发展,蔬菜上的菜青虫、小菜蛾、美洲斑潜蝇、白粉虱、蓟马、跳甲等害虫在设施蔬菜上发生普遍,这些害虫繁殖速度快、抗药性强,除自身为害蔬菜瓜果等作物外还传播病毒病,喷药防治往往效果不佳,并易造成蔬菜农药残留超标和环境污染,不利于绿色食品的生产。为此,针对蔬菜发展特点,利用太阳能灯灭虫、黄蓝板粘捕、防虫网隔离等物理防治技术进行害虫防治更值得推广使用。

# 3.1 物理防治原理

蔬菜病虫害的绿色防控技术是利用昆虫的趋光、趋色、趋性诱等特点,应用物理的、化学的、农业的各种手段,达到防治蔬菜病虫害的目的。在蔬菜生产中把杀虫灯、性诱剂、色板和药剂有机结合使用,既可提高病虫害的防治效果,又可减少化学农药的使用次数和使用量,还能保护蔬菜的生产环境,提高蔬菜的卫生质量,在蔬菜生产实践中取得了较为理想的效果。以下是一些物理防治手段的作用原理。

## 3.1.1 性诱剂诱捕

性诱剂是一种特异性性信息素,诱集性非常专一,每种性诱剂只针对一种害虫,对天敌昆虫无任何影响,也可减少害虫抗药性发生,与其他防治技术完全兼容。性诱剂防控原理是利用人工合成的害虫信息素引诱雄成虫进入诱捕器,以降低田间雌虫交配概率,从而控制下一代害虫种群密度,达到防治目的。目前在蔬菜生产中,应用性诱剂防治的害虫主要有斜纹夜蛾、甜菜夜蛾、小菜蛾、黄曲条跳甲、芡白二化螟等。

性诱剂诱捕主要有大量诱捕法和交配干扰法。

**1. 大量诱捕法**

在蔬菜田中设置大量的信息素诱捕器杀虫,导致田间雌雄比例严重失调,减少交配概率,使下一代虫口密度大幅度降低。该法适用于雌雄性比接近于1∶1,雄虫为单次交尾的害虫以及虫口密度较低的情况。

使用性诱剂诱杀害虫的方法简便,只要将性诱剂安装在诱捕器内,悬挂到田间就可以诱杀害虫。上海地区菜田目前使用的主要是针对小菜蛾、甜菜夜蛾、斜纹夜蛾、黄曲条跳甲、茭白二化螟等的性诱剂,如图3-1所示。使用性诱剂诱杀害虫与传统的化学农药防治相比,其劳动强度小,可避免化学农药对环境的污染、在农产品上的残留,以及对施药者的毒害。

图3-1 大田性诱剂诱杀害虫

**2. 交配干扰法**

交配干扰法的原理是在充满性信息素的环境中,雄虫丧失了寻找雌虫的定向能力,致使田间雄虫交配概率减少,从而使下一代虫口密度急剧下降。

性诱剂和病毒制剂相互结合能够达到更好的防治效果。将夜蛾成虫诱导到高浓度的病毒盘内感染病毒,利用其补充营养的习性,诱导其吸食含病毒的糖液,使其体内、体外均感染高浓度病毒,与雌蛾交配后,雌蛾产下的卵、卵壳及卵块绒毛都带有高浓度病毒,初孵幼虫咬食受到病毒感染的卵壳而死亡。

### 3.1.2 黄板和蓝板诱杀

黄板和蓝板是利用害虫对一定的波长的光有趋性的原理,采用黄油等专用胶剂制成的黄色和蓝色胶粘害虫诱杀色板,在蔬菜生产中运用于诱杀有趋性的害虫成虫,如图3-2(彩图5)所示。

黄板和蓝板诱杀是利用害虫的趋黄性和趋蓝性原理采取的物理防治技术,是一项无污

图3-2 黄色和蓝色诱杀色板应用

染、使用方便、诱杀效果显著的绿色环保技术。黄板和蓝板诱杀技术可以避免和减少化学农药使用,是一种高效环保的虫害防治方法。

黄曲条跳甲、蚜虫、美洲斑潜蝇、粉虱等小型害虫成虫对黄色敏感,具有强烈的趋黄性特点。粉虱、瓜实蝇对鲜黄色敏感,橙黄色光对美洲斑潜蝇和南美斑潜蝇有极强的吸引力,蓟马具有强烈的趋蓝性。因此,可以引诱害虫扑向黄板和蓝板并使其粘在板上,从而有效控制成虫的繁殖和病毒病等病害传播,达到防治害虫、病害的目的,一定程度上解决药剂消灭虫卵困难的实际问题,为生产绿色食品和有机农产品提供技术保障。目前,黄板诱杀已经成为上海郊区设施蔬菜主要病虫害综合防治的有效辅助手段之一,如图3-3(彩图6)所示。

图3-3 黄板诱杀小型害虫

## 3.2 趋光性防治

### 3.2.1 杀虫灯的使用

由于取食、交尾等生命活动的需求，昆虫能够对环境条件的刺激产生本能的反应，昆虫在进化过程中对自然界形成了很好的适应性。昆虫对某些刺激源（如光波、气味等）的定向（趋向或躲避）运动，称为趋性，按照刺激源的性质又可分为趋光性、趋化性等。利用害虫的各种趋性对其进行诱集消灭是蔬菜生产中的重要手段之一。

杀虫灯诱杀的适用对象为趋光性害虫。害虫易感受可见光的短波部分，对紫外光中的一部分也很敏感，灯光诱杀的原理就是利用害虫的感光性能，设计制造出各种能发出害虫喜好波长的光的灯具，配置频振高压电网捕杀装置，达到消灭害虫的目的。

杀虫灯诱杀害虫种类多、数量大，能降低害虫的产卵量，压低虫口基数和密度，保护天敌昆虫，减少化学农药的使用量，延缓害虫抗药性的产生。杀虫灯诱杀的害虫包括鳞翅目、鞘翅目、直翅目、同翅目等为主的蔬菜害虫 20 余种，主要诱杀小菜蛾、甜菜夜蛾、斜纹夜蛾、小地老虎、金龟子等害虫。

虫害预测预报杀虫灯如图 3-4 所示。这种杀虫灯安装了三面透明玻璃以利害虫撞击后落入接虫箱，安装无频振高压电网，每天通过统计害虫种类、数量来预测害虫田间为害虫态的第一代发生期、为害高峰及以后各代为害高峰，准确预报防治适期，制定防治措施。

图 3-4 虫害预测预报杀虫灯

将蔬菜生产用频振式杀虫灯（见图3-5）置于开阔地，对斜纹夜蛾、金龟子、蝼蛄、小地老虎等害虫有强烈的诱集作用。高压电网捕杀器是一种高效杀虫器，其采用一定强度的金属导线在灯管两侧呈平面栅状排列，害虫扑灯触网后即被高压电弧击伤、击杀、烧毁。

图3-5 蔬菜生产用频振式杀虫灯

上海地区每年4—11月开灯，在害虫发生的高峰期，可有效控制害虫种群数量，压低虫口密度，将害虫消灭在为害之前，效果明显。

**1. 杀虫灯应用时间和开灯时间**

上海地区杀虫灯的应用以每年4—11月挂灯为宜。由于昆虫的活动习性，杀虫灯在不同时间段的扑灯量存在较大差异。经夜间不同时间段虫害捕杀情况观察试验，开灯最佳时间段为19—23时。5—7月以诱杀小菜蛾和小地老虎为主，8—10月以诱杀斜纹夜蛾和甜菜夜蛾等为主。在特殊情况下，开灯时间可作适当调整。

**2. 挂灯密度和挂灯高度**

杀虫灯使用应集中连片，在近市区光源足的情况下，挂灯密度即单灯控害面积为1 hm² 左右，在远离市区、光源少、露地生产的基地，单灯控害面积为2~3 hm²。

蔬菜栽培模式多样、蔬菜品种繁多等因素使挂灯高度与捕虫量具相关性。杀虫灯挂灯高度在设施栽培情况下（包括防虫网、避雨栽培等）不低于1 m，一般以1.2 m为宜。设施栽培棚架作物如黄瓜、豇豆、番茄等，挂灯高度一般为1 m左右，不超过1.2 m。露天贴地矮秆作物如十字花科及葱类等，挂灯高度一般为65~75 cm，不超过80 cm。杀虫灯用于水生蔬菜（如茭白）时，挂灯高度应随蔬菜生长不断调节。茭白主要虫害为二化螟，它个体较小，飞翔能力相对较弱，挂灯高度不宜过高。在茭白长势旺盛时，杀虫灯挂灯高度不超过1.5 m。

## 3.2.2 杀虫灯的日常维护

杀虫灯日常维护包括电源、灯管及支架查检，电网、接虫袋（皿）清洁等。杀虫灯构造如图3-6（彩图7）所示。

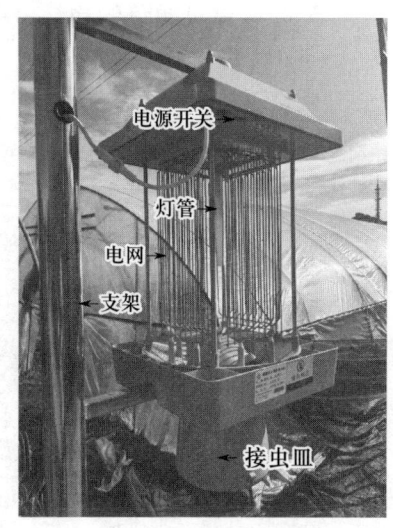

图3-6 杀虫灯构造

**1. 灯管的维护**

杀虫灯的灯管有一定的使用寿命，超过使用寿命继续使用，杀虫效果会降低。灯管使用以1年调换1次为宜。在台风或大风来临之际，要绑定加固杀虫灯。每年使用结束后，及时将杀虫灯卸下，擦干后装入纸箱，在通风、干燥的仓库中保存。第2年挂灯前先进行检查，发现灯管、高压触杀网等有损坏的应及时调换，以保证正常工作。

**2. 高压触杀网的清洁**

高压触杀网必须经常清刷。清刷时，必须先关闭电源，在切断电源后用网刷顺着高压触杀网网线来回刷，动作要轻，把网上的虫子残体及其他杂物清除干净。通过对相同挂灯高度、相同间隔期清刷网与不刷网的高压触杀网进行捕虫量试验，得出以间隔1~2天清刷1次高压触杀网为宜。

**3. 接虫袋（皿）的清洁**

杀虫灯接虫袋（皿）应每3天清洗1次，夏季虫害高发季节，应每天清洗1次，有利于更有效诱杀害虫。接虫袋（皿）以底部开口为宜，有利于每天对害虫的清除。在相同条件下，清洗接虫袋（皿）后的诱虫效果更好。

## 3.3 趋色性防治

黄板和蓝板诱虫技术是利用害虫的成虫对颜色的趋性,引诱害虫扑向带有黏胶的色板,将害虫粘住,达到防虫目的,如图3-7(彩图8)所示。

图3-7 黄板诱虫

### 3.3.1 诱虫板黄板的安装与使用

黄板诱虫技术主要用于防治蚜虫、粉虱、黄条跳甲、美洲斑潜蝇等成虫。

**1. 安装**

揭去黄板贴膜,用固定夹夹住黄板,插入纤维棍支架,用固定线穿过黄板上的预留孔,扎住固定夹和黄板,如图3-8(彩图9)所示。将固定好的黄板安装插入田间,注意及时更换黄板。

**2. 使用**

(1)悬挂时间。防治蚜虫、黄条跳甲悬挂时间一般在4月初,防治粉虱悬挂时间一般在5月初。蔬菜出苗及移栽后,视害虫发生情况悬挂,越早越好。整个蔬菜生产期坚持使用,效果最佳,如图3-9(彩图10)所示。

(2)悬挂高度。悬挂高度以超过作物生长点5~10 cm为最佳,并应随着作物的生长调节悬挂高度。

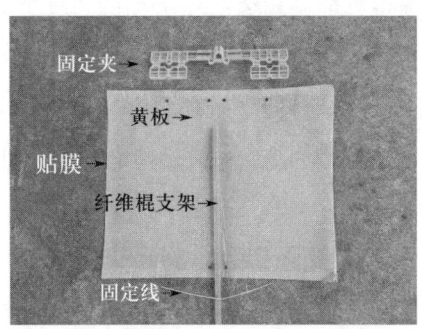

图 3-8　黄板构造

图 3-9　黄板田间悬挂

（3）悬挂密度。黄板规格为 20 cm×30 cm，每亩（1 亩 = 667 m$^2$）悬挂 25~30 张。黄板上粘虫面积达 60% 以上时，粘虫效果下降，应及时清除板上的害虫或更换黄板，当黄板上的胶不黏时也要及时更换。

（4）悬挂方式。采用 "Z" 字形分布或与行向平行分布。根据试验，东西向放置的黄板诱虫效果优于南北向放置的黄板。

### 3.3.2　诱虫板蓝板的安装与使用

蓝板诱虫技术主要用于防治蓟马类害虫。

**1. 安装**

揭去蓝板贴膜，用固定夹夹住蓝板，插入纤维棍支架，用固定线穿过蓝板上的预留孔，扎住固定夹和蓝板。将固定好的蓝板安装插入田间，注意及时更换蓝板。

**2. 使用**

在设施中将有色黏板与防虫网结合使用效果更好，但一定要在虫害发生早期，虫量发生少时使用。一般每亩均匀悬挂规格为 20 cm×30 cm 的蓝板 20~30 片，悬挂时应放置在作物上方 20 cm 处，并随作物的生长不断调整悬挂高度。

高秆蔬菜如黄瓜、苦瓜等，可在蔬菜行间每隔 3~5 m 悬挂蓝板；矮生蔬菜如番茄、茄子、西葫芦等可在田间按相同密度插蓝板诱杀。蓝板高度以蔬菜中部偏上位置为宜。当蓝板表面粘满小虫，或黏性不够而影响防治时，应及时更换。

# 3.4 性诱防治

## 3.4.1 诱捕器田间安装

**1. 诱捕器安装步骤**

将集虫袋撑开后用活结扎牢于诱捕器下口，再用固定线将诱捕器预留孔纤维棍固定扎牢，打开诱捕器顶盖，将 1 根诱芯悬挂于诱捕器内，如图 3-10 所示。将诱捕器按要求插牢于蔬菜田内，注意及时更换诱芯。

**2. 使用要点**

性诱剂是一种生物诱捕剂，属于物理防治。为使性诱剂能高效诱杀害虫，在实际使用中应掌握以下要点。

（1）使用时期。使用时期要与害虫羽化期相适应，在害虫各代羽化初期开始使用才能有效干扰害虫的交配产卵。最好在第 1 代刚开始羽化时使用。越冬代和第 1 代成虫羽化时间比较一致而且数量少，能压低虫口基数，起到事半功倍的效果。

（2）使用密度。使用密度与害虫发生特点、总量相适应，诱捕器以每公顷 45~75 个为宜，对小菜蛾等飞行能力不强的害虫可稍加密，还要经常观察诱捕到的虫量，发生量大时要及时添加诱捕器提高诱捕效果。诱杀斜纹夜蛾、甜菜夜蛾、小地老虎、棉铃虫等害虫时，平均每亩放置 1 个诱捕器；诱杀小菜蛾等害虫时，平均每亩放置 4~6 个诱捕器。

适宜大面积使用性诱剂作为目标害虫防控措施时，应用面积越大、蔬菜种类越单一、生育期越一致，目标害虫越能成为影响蔬菜安全生产的主要害虫，使用性诱剂的诱杀效果

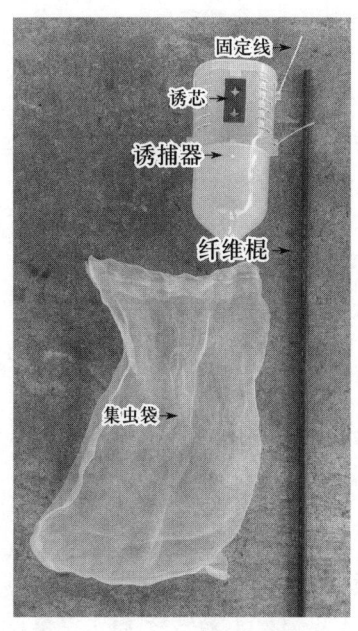

图 3-10 诱捕器构造图

也就越显著。

(3) 放置位置。诱捕器应选择空旷区域放置，一般在上风口的位置，有利于性诱剂的散发，可以诱捕到更多的成虫。采用"扎紧篱笆、外密内疏"布点防治，在上风口多设置诱捕器。如条件允许，每月可按一定方向移动1次诱捕点，提高诱杀效果。

蔬菜作物经常会受到几种害虫的为害，在使用诱捕器时要根据害虫种类放置。如白菜、萝卜等十字花科蔬菜受小菜蛾为害较重，甜菜夜蛾、斜纹夜蛾也会同时发生，在选用性诱剂时，应将甜菜夜蛾、斜纹夜蛾等杂食性害虫的诱捕器置于菜田周围，将小菜蛾的诱捕器置于菜田中央。

在设施蔬菜基地上，应将诱捕器重点设置在设施外的路边或单体棚的大棚入口处，对于连栋大棚等单位面积较大的栽培设施，可在设施菜田内和大棚门口安装诱捕器，如图3-11所示。

(4) 高度设置。高度设置应与害虫飞行高度相适应。诱杀斜纹夜蛾、甜菜夜蛾、小地老虎、棉铃虫等害虫时，诱捕器的悬挂高度为离地面约1 m或高于蔬菜作物冠层20 cm；诱杀玉米螟等害虫时，诱捕器悬挂高度为离地面约1 m或略低于作物叶面；诱杀小菜蛾等害虫时，诱捕器悬挂高度为离作物冠层10~20 cm。

图 3-11　诱捕器田间安装

## 3.4.2　性诱芯的合理使用

**1. 性诱芯的种类**

目前蔬菜生产广泛使用的性诱剂以诱杀鳞翅目害虫为主,诱杀对象主要有斜纹夜蛾、甜菜夜蛾、棉铃虫、小菜蛾、二化螟(主要为害茭白)、小地老虎、亚洲玉米螟等。常用的诱芯有天然橡胶塞、PVC 管等材质。性诱剂具有专一性,一种性诱剂只能诱杀一种害虫。实际应用中可根据田间害虫发生的种类,合理选择性诱剂诱芯类型。

**2. 性诱芯的保存**

性诱剂易挥发,购买的诱芯或开封后尚未用完的诱芯应密封存放在冰箱中(-15~5 ℃),使用前才打开密封包装袋。毛细管型性诱芯只能在使用时剪开封口。

**3. 诱芯安装与更换**

每个诱捕器安装 1 枚诱芯,不同种类诱芯一般不宜安装在同一个诱捕器中或诱捕点相隔太近,避免互相干扰,影响诱杀效果。安装不同种类的诱芯时,要用清水洗手,避免交叉污染。诱芯一般 30 天更换 1 次,但遇高温、高湿、台风等,诱芯使用寿命会缩短,当诱虫量明显下降时,应及时更换。为确保诱杀效果,应及时清理诱捕器中的害虫虫体。

**4. 性诱防治与其他绿色防控技术的配合使用**

性诱防治多与其他防治方法合用,发挥综合防治的效果。根据蔬菜种植布局和田间害虫发生种类,可合理选择使用黄板和蓝板、释放天敌昆虫等其他绿色防控措施防治烟粉虱、蓟马、蚜虫、黄条跳甲等害虫,减少化学农药使用量,提高绿色防控水平,确保蔬菜产品生产和质量安全。

**5. 利用性诱防治监测害虫种群变化,指导适期用药**

由于蔬菜种植茬口多、害虫发生世代混乱等因素,田间害虫防治时期较难确定。性诱防治可作为一种目标害虫发生监测手段。根据诱虫量监测种群数量动态变化,可初步推断田间幼虫发生程度和为害高峰期,确定防治时期,科学合理使用农药,有利于提高防治效果。一般以诱虫高峰出现后的6~9天作为田间1~2龄幼虫防治时期。

**6. 性诱防治注意事项**

(1) 由于性诱剂的高度敏感性,在安装不同种害虫的诱芯时应该洗手,以免污染。
(2) 一般情况下,30天左右更换1次诱芯。
(3) 适时清理诱捕器中的害虫虫体,不可倒在大田周围,应该深埋。
(4) 诱捕器可以重复使用。
(5) 废弃诱芯应深埋。

**7. 诱捕器的不正确设置方式**

(1) 用诱捕器杆直接悬挂。
(2) 将诱捕器直接吊挂在电线杆上,影响诱虫进口。
(3) 将诱捕器直接挂在棚上,影响进虫口,影响生产操作。
(4) 有干扰的两种诱芯混挂在同一根杆上,干扰诱剂性能。
(5) 诱捕器悬挂位置太低,影响性诱剂作用范围。

# 3.5 防虫网防治

## 3.5.1 防虫网的选择

防虫网是以人工构建屏障,将害虫拒之网外,达到人为隔断害虫为害和阻断病害传播目的的一种防虫方式。防虫网能创造隔断害虫和适宜作物生长的有利条件,确保大幅度减少蔬菜田化学农药的使用。防虫网采用聚乙烯为原料,并添加具有防老化、抗紫外线等功能的化学助剂，经拉丝织造而成，形似窗纱，是新型的覆盖材料。

目前生产上应用的主要有3类防虫网以满足不同蔬菜品种对光照的要求和忌避害虫的需要。银灰色或铝箔条防虫网，其避蚜效果好，且可降低棚内温度；白色防虫网，其透光率比银灰色的好，使用较普遍，但夏季棚内温度略高于露地，适用于大多数喜光蔬菜的栽培；黑色防虫网，其遮阳降温效果好。

农业生产中防虫网一般选用的是20~25目的白色或银灰色网，既可阻断大部分害虫的侵入，又有较好的通风、降湿条件，具有抗拉强度大、抗紫外线、抗热、耐水、耐腐蚀、抗老化、无毒无味等特点，使用寿命5年以上。

### 3.5.2 防虫网的作用

**1. 防虫防病**

防虫网覆盖栽培主要用于夏、秋季设施蔬菜，采用全生育期全封闭栽培，主要功能是用以阻隔各种害虫成虫潜入、产卵繁殖，并能有效地防止由害虫传播和由伤口侵入的各种病害的发生和蔓延。

夏、秋季是蔬菜上菜青虫、小菜蛾、斜纹夜蛾、甜菜夜蛾等害虫的多发时期，覆盖防虫网后，由于防虫网网眼小，又是全生长期覆盖，害虫成虫飞（钻）不进，从而形成了人工隔离屏障，具有良好的防止害虫侵入和传毒的效果。

夏、秋蔬菜育苗多在6—7月，育苗期间多高温天气，遇有连续干旱天气，蚜虫对菜秧的为害加剧，因而传播病毒病。采用防虫网覆盖育苗和栽培，可有效控制蚜虫对菜秧的为害，并将蔬菜病毒病的发生降低到最低限度。

秋大白菜栽培常因黄曲条跳甲为害，使软腐病传播到大白菜秧苗上。控制和杀灭黄曲条跳甲是防治大白菜软腐病发生的有效措施，可采用防虫网覆盖育苗，控制黄曲条跳甲为害，从而达到减轻大白菜软腐病发生的目的。

**2. 减缓自然灾害**

防虫网网眼小，机械强度高，因而防风、防暴雨冲刷效果好。生产上常因风力过大，冲毁架材，毁损蔬菜，25目防虫网覆盖可以减低风速15%~20%，30目防虫网可减低风速20%~25%。夏日的冰雹和暴雨常对在田蔬菜造成机械性伤害，采用防虫网覆盖，可阻隔冰雹对蔬菜作物的冲击，还可以使暴雨的冲击强度减弱。暴雨过后，天气又突然暴晴，气温骤升，植株水分严重失调，常造成秧苗凋萎乃至烂秧，防虫网覆盖可避免棚内小气候温度急剧变化，减缓暴雨暴晴天气的间接为害。

3月下旬至4月上旬，防虫网覆盖的棚内气温比露地高1~2℃，5 cm地温比露地高0.5~1℃，能有效防止霜冻。

**3. 遮光、降温、增湿**

夏季应用白色防虫网覆盖,棚内日平均温度较露地日平均气温增高 0.6~1.9 ℃,地下 10 cm 土壤温度高于露地。如应用银灰色防虫网覆盖,地温甚至低于露地。在晴热天气的高温时段,揭除大棚两侧防虫网,加强通风,便可降低棚温。

防虫网覆盖可较露地增加相对空气湿度,这对在炎热的夏季生长的蔬菜十分有利,可减少植株叶面蒸腾,同时减轻高温对植株果实的直接伤害。

防虫网的遮光率一般为 25%~30%,遮光程度因防虫网颜色、网目疏密的不同而有差异。一般黑色防虫网遮光率高于银灰色防虫网,白色防虫网的遮光率最低,网的目数越高,遮光率越大。另外,当光线通过时,白色防虫网有散射光线的作用,使网内光线更加均匀,可减弱由于作物上部茎、叶阻挡而造成的下层叶片受光不足的现象,提高了光的利用率。

**4. 省工省成本**

防虫网透光好,蔬菜生长期全程覆盖,管理上省工。例如,防虫网覆盖后栽培的鸡毛菜(小青菜)可不喷农药,节省农药和喷药用工。

### 3.5.3 防虫网的覆盖形式

**1. 水平棚覆盖**

棚架高度一般为 80~100 cm,多用架竹搭建,操作方便,高低可以调节;也有用金属管、水泥立柱作架材搭成水平棚架,棚高约 2 m,如图 3-12 所示。这种覆盖方式较中管棚节省防虫网和网架,操作方便,一般用于 5—11 月种植绿叶菜。

**2. 小拱棚覆盖**

防虫网一般不作育苗直接覆盖材料。小拱棚覆盖方式多在高温季节使用,网内温度较高是其不足之处,可通过增加淋水次数达到降温的目的。由于小拱棚下的空间较小,实际操作不方便,一些地方利用这种覆盖形式进行夏季育苗和小白菜的栽培,投资少,管理简单,适合于没有钢管大棚的地区使用,同样起到防虫的作用。小拱棚的宽度、高度依据作物种类、畦的大小而异。通常棚宽不超过 2 m,棚高为 40~60 cm,可选择幅宽为 1.2~1.5 m 的防虫网,直接覆盖在拱架上,一边可以用泥土、砖块固定,另一边可自动揭盖,以利生产操作。小拱棚覆盖也可采用全封闭的覆盖方式。

**3. 棚架覆盖**

棚架覆盖是利用夏季空闲大棚架覆盖栽培的形式,棚架覆盖可分为大棚覆盖和网膜覆盖等,可根据气候、网和膜的原料灵活选择覆盖形式。

(1)大棚覆盖。大棚覆盖指使用防虫网全程全封闭覆盖栽培,是目前防虫网应用的主

图 3-12 水平棚覆盖

要方式。主要用于夏、秋甘蓝、花椰菜等蔬菜的生产,也可用于夏、秋蔬菜的育苗,如秋番茄、秋黄瓜、秋莴苣等。通常由跨度 6 m、高 2.5 m 的镀锌钢管构成,将防虫网直接覆盖在大棚上,棚腰四周用卡条固定,再用压膜线呈"Z"字形扣紧,只留大棚正门口可以揭盖,实行防虫网全封闭覆盖,如图 3-13 所示。在高温时段,害虫成虫迁飞的活动能力下降,可揭除两侧进行通风降温,不会因为揭盖管理影响防虫效果。

图 3-13 大棚覆盖防虫网

(2) 网膜覆盖。网膜覆盖是大棚顶部用塑料薄膜,四周裙边用防虫网的覆盖栽培方式,多用于中管棚、连栋大棚和温室,如图 3-14 所示。

网膜覆盖提高了农膜的利用率,节省成本,能降低棚内湿度,避免了雨水对土壤的冲

图 3-14 网膜覆盖
a) 中管棚 b) 连栋大棚 c) 温室

刷,起到保护土壤结构、降低土壤湿度、避雨防虫的作用。在连续阴雨或暴雨天气,可降低棚内湿度,减轻软腐病的发生,适合梅雨或多雨季节应用,也可在秋季瓜类蔬菜(特别是黄瓜、西洋南瓜、西葫芦等)栽培田应用。

### 3.5.4 防虫网的应用范围

**1. 夏季叶菜栽培**

小白菜、夏大白菜、夏甘蓝、秋甘蓝、菠菜、生菜、花椰菜、萝卜等具有生长快、周期短等特点,但露地生产虫害多、农药污染严重,且夏、秋季又是突发性自然灾害的多发时期,产量极不稳定。使用防虫网覆盖栽培可实现少污染、稳产、高产、优质、高效,这是目前防虫网最主要的一种覆盖应用方式。夏季,结球大白菜覆盖防虫网,生育期比露地栽培延长3天,开展度大于露地,球高、球径、单球重均高于露地栽培,净菜率高,产量也比露地栽培高,对菜青虫、小菜蛾、斜纹夜蛾具有较好的隔离作用,病毒病得到有效控制。

**2. 茄果类栽培**

茄果类蔬菜在夏、秋季易发生病毒病,采用防虫网覆盖栽培技术,可切断蚜虫等昆虫的传毒途径,有利于减轻病毒病的为害,延长采收期或越夏栽培。同时隔离了棉铃虫、斜纹夜蛾、二十八星瓢虫、茄黄斑螟、黄守瓜、瓜绢螟等害虫,既可满足淡季市场的需要,又促使菜农获得更高的产量和更佳的经济收入。

### 3.5.5 防虫网覆盖技术要点

**1. 全生育期覆盖**

防虫网遮光不多,不需要日盖夜揭或前盖后揭,应全程覆盖,不给害虫入侵机会,才能获得满意的防虫效果。防虫网两边应压紧,网上用压网线压牢,防止被风吹开。

**2. 选择适宜的规格**

防虫网的规格主要包括幅宽、孔径、丝径、颜色等,选用时尤以孔径为重。防虫网的孔径一般以目数表示。目数过少,网眼大,起不到防虫效果;目数过多,网眼小,则成本增加。目前生产上推荐使用的防虫网目数为 20~25 目,幅宽 1.0~1.5 m,以白色为多。

**3. 肥水管理**

采用大棚、温室防虫网覆盖时,施肥、浇水可在棚内利用相应的肥水浇灌设施进行,如图 3-15 所示。采用小棚防虫网覆盖时,以施足有机肥为好,生长期间不再追肥。

图 3-15 大棚、温室肥水浇灌设施

**4. 土壤处理**

防虫网覆盖前,对土壤进行消毒处理,杀死土壤中的害虫、虫卵及杂草。如地下害虫为害严重,宜采用轮作换茬。

**5. 妥善使用与保管**

防虫网田间使用结束后,应及时洗净、吹干,可延长使用寿命。

## 技能操作

### 诱虫板田间安装（黄板）

**操作准备**

1. 40~45 m² 的蔬菜田间（保护地设施）操作场地。

2. 规格为 20 cm×30 cm 黄板 5 块、配套固定用纤维棍支架 5 个。

**操作步骤**

步骤1　安装黄板配套纤维棍支架，使其牢固。

步骤2　计算支架间距，按每棚 30 块计算。

步骤3　安装诱虫板，使其牢固。

步骤4　使诱虫板悬挂高度距作物 15~20 cm。

步骤5　使诱虫板东西方向一致。

步骤6　撕下的膜带出田外。

### 诱捕器田间安装（小菜蛾）

**操作准备**

1. 40~45 m² 的蔬菜田间（保护地设施）操作场地。

2. 诱捕器 2 只、小菜蛾诱芯 2 枚、配套固定用纤维棍支架等。

**操作步骤**

步骤1　将上盖安装在喇叭口。

步骤2　在诱捕器底部绑紧集虫袋。

步骤3　将小菜蛾诱芯插入安装杆，拧紧。

步骤4　在诱捕器上装上纤维棍支架。

步骤5　将诱捕器牢固地插在上风口。

步骤6　使诱捕器进虫口在作物上方 20 cm 左右。

### 杀虫灯日常维护

**操作准备**

1. 40~45 m² 的蔬菜田间（保护地设施）操作场地。

2. 杀虫灯1只、刷子、垃圾桶等。

**操作步骤**

步骤1　维护前关闭电源。

步骤2　将接虫袋内虫体清理干净，倒入垃圾桶。

步骤3　顺着高压触杀网清理污垢。

步骤4　高压触杀网电线无交叉。

步骤5　杀虫高度（略高于作物）、灯管、支架检查。

步骤6　电源检查。

## 本章测试题

**一、判断题**（将判断结果填入括号中，正确的填"√"，错误的填"×"。）

1. 美洲斑潜蝇成虫活泼，对黄色光谱敏感，有较强趋性，可用蓝色黏板诱虫。
（　　）

2. 诱捕器应选择空旷区域放置，一般在上风口的位置。（　　）

3. 物理防治蚜虫可用黄板粘虫。（　　）

4. 杀虫灯诱杀适用对象为趋色性害虫。（　　）

5. 防虫网一般选用的是20～25目的白色或灰色网，既可阻断大部分害虫的侵入，又有较好的通风、降湿条件。（　　）

6. 性诱剂防控原理是利用人工合成的害虫信息素引诱雄成虫进入诱捕器，以降低田间雌虫交配概率，从而控制下一代害虫种群密度，达到防治目的。（　　）

7. 防虫网能创造隔断害虫和适宜作物生长的有利条件，确保大幅度减少蔬菜田化学农药的施用。（　　）

8. 杀虫灯诱杀挂灯和开关灯时间，以每年的4—6月为宜，开灯最佳时间段建议为19—23时。（　　）

9. 防虫网一般不作育苗覆盖材料。（　　）

**二、单项选择题**（选择一个正确的答案，将相应的字母填入题内的括号中。）

1. (　　)以人工构建屏障的方式，达到人为隔断害虫为害和阻断病害传播的目的。

　　A. 遮阳网　　　　B. 防虫网　　　　C. 性诱剂　　　　D. 诱捕器

2. (　　)是一种生物诱捕剂，属于物理防治。

A. 遮阳网　　　　B. 防虫网　　　　C. 性诱剂　　　　D. 诱捕器

3. 杀虫灯属于（　　）防治手段。

A. 化学　　　　　B. 物理　　　　　C. 生物　　　　　D. 农药

## 本章测试题参考答案

一、判断题

1. ×　2. √　3. √　4. ×　5. √　6. √　7. √　8. ×　9. ×

二、单项选择题

1. B　2. C　3. B